AF546544

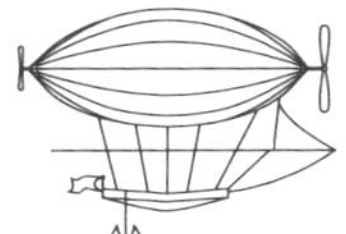

Wölfe in der Schweiz

Eine Rückkehr mit Folgen

Elisa Frank, Nikolaus Heinzer

Mit Beiträgen von Lukas Denzler und Bernhard Tschofen sowie einem literarischen Text von Gianna Molinari

ıhalt

Bernhard Tschofen

Die Rückkehr der Wölfe als Kulturthema. Eine Einleitung

Dieses Buch folgt der Fährte eines Tiers. Es nimmt seine Spur auf und beobachtet seinen Platz in verschiedenen Habitaten. Es verfolgt, wo dieses Tier vorbeikommt, bietet Panoramen seiner Räume, zeigt Wege und Orte und «zoomt» gelegentlich auch ganz nahe heran, es fokussiert auf Ausschnitte und zeigt Details. Und dennoch ist es kein naturkundliches Buch, sein Zugang unterscheidet sich grundlegend von Büchern oder Fernsehsendungen, die sich mit der heimischen Natur und ihren Wildtieren beschäftigen.[1] Dieses Buch verfolgt vielmehr die Spuren eines Tiers in der Gesellschaft, genauer des Wolfs in der Schweiz, und interessiert sich für die kulturellen Umgangsweisen mit dessen Rückkehr seit Mitte der 1990er-Jahre. Mit seiner zunächst zögerlichen, in den vergangenen Jahren aber unaufhaltsamen Etablierung begann der Wolf auch seinen Platz in der sozialen Welt zu reklamieren.

Die Zahl der dauerhaft in der Schweiz lebenden Wölfe ist mittlerweile dreistellig, die der Rudel zweistellig. Diese Zahlen mögen, so wenig dieses Buch seine Zugangsweisen an ihnen festmachen will, gemessen an den Beständen anderer Wildtiere gering erscheinen, gemessen am Anspruch der Menschen, über andere Arten, ihre Präsenz und Bestände nahezu unbeschränkt verfügen zu können, sogar verschwindend gering. Nimmt man aber die Spuren in den Blick, die diese vergleichsweise wenigen Tiere in den vergangenen Jahren in den Vorstellungs- und Lebenswelten der Schweizer Bevölkerung und in der Folge in Politik und Öffentlichkeit dieses Landes hinterlassen haben, ergibt sich ein gänzlich anderes Bild. Die Rückkehr der Wölfe hat, so unbemerkt sie sich de facto für viele vollzogen hat, zumindest für Irritationen gesorgt. Sie hat Selbstverständlichkeiten in Frage gestellt und Konfliktlinien aufgebrochen, die zum einen unmittelbar mit der Lebensweise dieses Grossraubtiers zu tun haben, zum anderen mittelbar und oftmals nur kulturell vermittelt durch seine Präsenz erst sichtbar und spannungsgeladen werden konnten.

Dies ist in etwa das Feld, in dem sich dieses Buch bewegt und das es in seinen zahlreichen Widersprüchen zu verstehen helfen möchte. Es ist aus einem vom Schweizerischen Nationalfonds 2016–2019 geförderten Forschungsprojekt «Wölfe: Wissen und Praxis» hervorgegangen, das die Wiederkehr der Wölfe in der Schweiz erstmals als kulturellen Prozess untersucht hat. Ihm ging es nicht um biologische Vorgänge oder die ökologischen Bedingungen und Folgen der Eingliederung der geschützten Grossraubtiere in unserem Raum, sondern um die gesellschaftlichen Umgangsweisen mit diesen Veränderungen und damit darum, wie sich die Beziehungen der Menschen nicht allein zu den lange abwesenden Wölfen, sondern auch zu anderen Nutz- und Wildtieren und der Menschen untereinander formen und wandeln. Das Projekt versuchte damit zugleich ein erweitertes Konzept von «Wolfsmanagement» vorzuschlagen, verstanden als breit gelagerte Formen sozialer Praxis, ihrer kulturellen Grundierungen und Ausdrucksmodi.[2] Es rückte damit bewusst Dimensionen alltagsweltlicher und politischer Denk- und Handlungsweisen ins Zentrum, die im klassischen Verständnis von Wildtiermanagement, wie es im Anschluss an den in den USA der Zwischenkriegszeit geprägten, primär ressourcenorientierten Begriff des *Game* oder *Wildlife Management* geformt worden ist, weitgehend ausgeblendet bleiben. Diesen Ansatz hat auch die generelle, auf einen Dialog mit dem Feld und seinen heterogenen Akteuren zielende Ausrichtung des Projekts verfolgt – etwa in den (mit-)kuratierten Ausstellungen «Der Wolf ist da» (Bern, Brig, Luzern, Zernez, Chur) und «Von Menschen und Wölfen» (Hamburg), in denen die zahlreichen Widersprüche, ungleichen Machtverhältnisse und kulturell situierten Wahrheiten im Umgang mit dem Wolf einer breiteren Öffentlichkeit zur Diskussion gestellt wurden.[3]

Indirekt sind die Forschungen des Projekts aber dann doch wieder zu Arbeiten über Natur und Wildnis geworden, nämlich weil sie exemplarisch untersuchen und zeigen konnten, in welchem dynamischen Verhältnis Natur und Kultur generell stehen und wie sehr Wildnis eine kulturelle Kategorie ist, die nicht natürlich definiert ist und für die auch kein allgemeingültiges Verständnis vorausgesetzt werden kann. Selbst was ein Wolf ist, was ihn genetisch ausmacht und was als «wölfisch», also der Art entsprechend, oder als «unwölfisch» gilt, ist nicht von vornherein klar. All dies ist nicht gegeben, sondern Gegenstand von Aushandlungen, bei denen kulturelle Positionen eine zentrale Rolle spielen. Der jüngst in Graubünden erfolgte Abschuss eines sogenannten Hybriden ist nur ein Beispiel dafür: Das Tier war einerseits nicht Wolf genug, um dessen absoluten Schutz zu geniessen, andererseits machte der Abschuss das Spannungsfeld zwischen der biologischen Vorstellung eines genetischen Kontinuums und einer gesetzlich festgelegten Grenze zwischen Wolf und Hund deutlich.

Die Spuren des Wolfs führen solchermassen durch sehr unterschiedliche Felder. Dem trägt dieses Buch in seiner Konzeption Rechnung, indem es die Ausbreitung der Wölfe nicht als ein Kontinuum in Raum und Zeit zu rekonstruieren versucht, sondern entlang eines Zeitstrahls von knapp drei Jahrzenten jeweils räumliche und thematische Akzente setzt. So widmen sich die drei grossen, von Elisa Frank und Nikolaus Heinzer auf der Grundlage der im genannten Projekt entstandenen Dissertationen verfassten Kapitel zunächst den primär mit dem Wallis verbundenen Anfängen der etappenweisen Wiederkehr und gesellschaftlichen Wahrnehmung dieser Tatsache. Im zweiten Kapitel stehen mit dem ersten, seit 2012 im Calandagebiet nahe Chur nachgewiesenen Rudel regional Graubünden und St. Gallen und thematisch die Administration und Aushandlung der durch das Auftreten der Wildtiere irritierten Ordnungen von Natur und Kultur im Zentrum. Das dritte Kapitel verlässt schliesslich – nach einigen beispielhaften Inspektionen in den politisierten Feldern der Alpwirtschaft und des Herdenschutzes – das unmittelbar «betroffene» Berggebiet und beschäftigt sich mit den jüngsten Konflikten und Bemühungen um die Koexistenz von Mensch und Tier auf den politischen Bühnen der föderalen Schweiz. Wie sich zeigt, geht es dabei aber um weit mehr: um Perspektiven für ein Nebeneinander von Landwirtschaft und Naturschutz, ein Miteinander von Stadt und Berggebiet, um Fragen nach einem zeitgemässen gesellschaftlichen Umgang mit Natur und mit nicht immer gänzlich zu kontrollierenden «wilden» Rückkehrern – und vielleicht auch um den Zusammenhalt der Schweiz, jedenfalls so etwas wie ihren identitätsstiftenden «Kitt».

Unterbrochen werden diese ethnografisch-kulturwissenschaftlichen Tableaus von knappen historischen und ökologischen Einschüben, für die Lukas Denzler verantwortlich zeichnet. Sie fassen überblicksartig Fakten zum Status des Wolfs von der Ausrottung bis zur Unterschutzstellung zusammen und beleuchten kontrastierend den Kontext der beiden anderen hierzulande relevanten Grossraubtiere Luchs und Bär. Ein Anhang liefert – verstanden als Lesehilfe für die mehr erzählerische Grundausrichtung dieses Buches – die wichtigsten Daten in übersichtlicher Form. Auch die Bebilderung folgt dem Grundsatz der Vielstimmigkeit, die sowohl dem Gegenstand als auch dem hier verfolgten Verständnis von Wissenschaft in Gesellschaft geschuldet ist: Neben bewusst reduziert und einfarbig wiedergegebenen Illustrationen mit vorwiegend dokumentarischem Charakter stehen Bildstrecken, die auch atmosphärisch in die beschriebenen kulturellen Szenen einführen wollen.

Schliesslich kommt in dem Band nicht nur die Wissenschaft zu Wort, sondern mit der Literatur auch jenes gesellschaftliche Feld, das von Anbeginn an besonders sensibel die Wiederkehr der Wölfe in Europa begleitet hat – gerade auch mit Blick auf die metaphorischen Dimensionen der sozialen Auseinandersetzung mit irritierender «Wildnis». Die Schriftstellerin Gianna Molinari, deren für den Schweizer Buchpreis 2018 nominierter Roman «Hier ist noch alles möglich» bereits der Spur des Wolfs in einer spätmodernen und krisengeschüttelten Welt gefolgt war, hat dem Band den eigens verfassten literarischen Epilog «Wege des Wolfs» beigesteuert – ein bewusster Hinweis nicht zuletzt darauf, dass auch künstlerische Annäherungen an das brisante Thema Erkenntnis generieren können und solches Wissen auch wieder auf die Vorstellungen und Positionen der auf diese oder jene Art «Betroffenen» zurückwirkt.

1 Zu Wölfen in der Schweiz in den letzten Jahren u. a. erschienene Publikationen: Baumgartner, Hansjakob; Gloor, Sandra; Weber, Jean- Marc; Dettling, Peter A. (Fotografien): Der Wolf. Ein Raubtier in unserer Nähe. Bern 2011². Dettling, Peter A.: Wolfsodyssee. Eine Reise in das verborgene Reich der Wölfe. Thun 2020. Stiftung KORA: 25 Jahre Wolf in der Schweiz. Eine Zwischenbilanz (KORA Bericht Nr. 91). Muri 2020.

2 Vgl. Fenske, Michaela; Tschofen, Bernhard (Hg.): Managing the Return of the Wild. Human Encounters with Wolves in Europe. London 2020.

3 Vgl. Alpines Museum der Schweiz; Universität Zürich – ISEK (Hg.): Der Wolf ist da. Eine Menschenausstellung. Bern 2017. Ertener, Lara Selin; Schmelz, Bernd (Hg.): Von Wölfen und Menschen. Hamburg 2019.

Lukas Denzler

Von der Ausrottung zum Schutz des Wolfs

«Der letzte Wolf soll 1695 im Walde von Steinegg bei Teufen erlegt worden sein», verkündet die Inschrift in der Wolfsgrube mitten in einem Wald zwischen Teufen und Speicher im Appenzellerland. In den Sandsteinfelsen eingehauen und verewigt wurde das Ereignis aber erst knapp 200 Jahre später anlässlich der Waldvermessung 1882. Auch in anderen Ländern, vor allem in Deutschland, erinnern sogenannte Wolfssteine seit dem 17. Jahrhundert an besondere Wegmarken im Zusammenhang mit der Jagd auf Wölfe. Oft wird dabei an die Erlegung des angeblich letzten Wolfs in einer Region gedacht. Dabei ist nicht immer klar, was Legende ist und was tatsächlich stattgefunden hat.

Bignasco im hinteren Maggiatal. Das aus groben Steinen errichtete Bauwerk wird im Tessiner Dialekt «Lüèra» genannt. Es ist eine alte Wolfsfalle: oben durch eine natürliche Felswand begrenzt, unten durch einen grossen Felsblock, auf den beiden verbleibenden Seiten durch bis zu sieben Meter hohe Trockenmauern. Ausser einem kleinen Durchgang gibt es keine Öffnung ins Innere. Mit einem im Innern angebundenen lebenden Tier als Köder wurden die Wölfe angelockt. Tappte ein Wolf in die Falle, löste er einen Mechanismus aus, der die Öffnung verschloss – das Raubtier war gefangen. Von der Mauerkrone konnte man in die Falle blicken. Die «Lüèra» von Bignasco ist in Urkunden aus dem 15. Jahrhundert erwähnt. Der jahrhundertelange Kampf gegen das Raubtier hat Spuren in der Landschaft hinterlassen und sich in das kollektive Bewusstsein der Menschen eingebrannt.

Auch in der Sprache hat der Wolf seine Spuren hinterlassen. Angesichts der gegenwärtigen Probleme auf den Schafalpen erscheint die Redewendung «ein Wolf im Schafspelz» in neuem Licht. «Mit den Wölfen heulen», sich also opportunistisch nach der Mehrheit richten, hat hingegen nur wenig mit dem eindrücklichen «Wolfsgeheul» in der Natur zu tun. Dieses dient den Tieren nämlich zur sozialen Kommunikation. Auch in anderen Sprachen ist der Wolf präsent, so etwa im Italienischen: «In bocca al lupo» (viel Glück, toi toi toi) und «Crepi il lupo» (Packe es, töte den Wolf) sind bekannte und gebräuchliche Redewendungen.

Mensch und Wolf sind durch ein sehr emotionales und spannungsvolles Verhältnis verbunden. Der Hund, oft als bester Freund des Menschen bezeichnet, stammt vom Wolf (Canis lupus) ab. Bezeichnenderweise heisst der Haushund mit wissenschaftlichem Namen denn auch «Canis lupus familiaris». Die Domestikation des Wolfs geschah vor mehr als 10 000 Jahren, als der Mensch sesshaft wurde; gemäss genetischen Analysen vielleicht auch schon deutlich früher.

.bb.1 Die «Lüèra» oberhalb von Bignasco im hinteren Maggiatal, eine Wolfsfalle, die seit dem Spätmittelalter bekannt ist.

Wie es genau dazu kam – ob der Wolf die Nähe zum Menschen suchte oder ob die Menschen dessen Nutzen für seine Zwecke erkannten – ist ungeklärt.

Bei den Germanen war der Wolf respektiert. Die Römer hatten hingegen ein ambivalenteres Verhältnis zum Raubtier. Der Gründungsmythos Roms hängt jedoch eng mit einer Wölfin zusammen. Diese nahm die Zwillinge Romulus und Remus in ihre Höhle auf, und Romulus soll später die Stadt Rom gegründet haben.

Im Mittelalter kam es zu einer Umdeutung. Möglicherweise wurde der Wolf vermehrt als Konkurrent wahrgenommen. Damit begann die schonungslose Jagd auf ihn. Der Zürcher Universalgelehrte Conrad Gessner schrieb in seinem «Tierbuch» 1551 vom Wolf als einem räuberischen, schädlichen und gefrässigen Tier. Der Wolf wurde zur Bestie und in den Märchen zum Bösewicht, etwa in «Rotkäppchen und der böse Wolf» oder «Der Wolf und die sieben Geisslein».

Trotzdem kamen Mensch und Wolf relativ lange mehr oder weniger aneinander vorbei. Offenbar gab es genug Lebensraum. Und wildlebende Huftiere wie Rehe, Gämsen und Hirsche waren reichlich vorhanden, sodass die Wölfe genügend Nahrung hatten. In strengen Wintern konnte es allenfalls kritisch werden, wenn sich hungrige Tiere bis an die Siedlungen vorwagten.

Die Jagd auf Huftiere war lange ein Privileg der Obrigkeit. Nach der Französischen Revolution erkämpfte sich die einfache Bevölkerung dieses Recht. Weil kaum Regeln für die Jagd erlassen wurden, schrumpften die Huftierbestände und erreichten im 19. Jahrhundert einen absoluten Tiefpunkt. Der Rothirsch war in der Schweiz praktisch ausgerottet. Damit wurde den Wölfen ihre wichtigste Nahrungsgrundlage entzogen. Angriffe auf Nutztiere und Risse wurden zu einem grösseren Problem.

Wann in der Schweiz der letzte Wolf erlegt wurde, ist schwierig zu sagen. Klar ist, dass es im Verlauf des 19. Jahrhunderts immer weniger Wölfe gab. So schreibt Friedrich von Tschudi, der als Pfarrer, Gelehrter und Politiker im 19. Jahrhundert in der Ostschweiz wirkte, in seinem 1853 publizierten und mehrfach aufgelegten Werk «Tierleben der Alpen» im Kapitel über den Wolf: «Die Wölfe sind seit Beginn unseres Jahrhunderts in der Schweiz seltener geworden, und man bezweifelte, ob man sie überhaupt noch zu den ständigen, bei uns sich fortpflanzenden Raubtieren des Gebirges zählen dürfe.» Seine Haltung zum Wolf ist jedoch eindeutig. «Widerlich und unangenehm in seinen Manieren, gierig, boshaft, verschlagen, misstrauisch, gehässig in seinem Naturell, unerträglich durch seinen abscheulichen Geruch, ist er ein Schrecken der Tierwelt, der er sich naht.» Nach einer seitenlangen Aufzählung negativer Eigenschaften und Episoden mit Wölfen in allen Landesteilen findet von Tschudi doch noch etwas Lob: «Die einzige gute Eigenschaft der Wölfin ist ihre treue Sorge für die Jungen. Sie versorgt und schützt diese mit Anstrengung und Mut und kehrt von grossen Märschen stets wieder zu ihnen zurück.»

Für das Neujahrsblatt der Naturforschenden Gesellschaft Zürich verfasste Konrad Bretscher 1906 einen Beitrag zur Geschichte des Wolfs in der Schweiz. Er listet säuberlich Quellen mit Wolfsbegegnungen von 1377 bis 1900 auf. Gemäss seinen Recherchen waren die letzten Wölfe gejagt und erlegt worden: 1648 in Zürich, 1695 in Appenzell, 1707 in Zug, 1712 in Schaffhausen, 1731 in Schwyz, 1793 in Glarus, 1808 im Aargau, 1834 in Obwalden, 1837 in Freiburg und im Wallis, 1853 in Uri und 1865 in Luzern. Im Jura seien nach dem deutsch-französischen Krieg 1870/71 wieder vermehrt Tiere aufgetaucht. Als Schlussfolgerung fügt Bretscher an: «Die ganze Geschichte des Wolfs zeigt vielmehr, dass die alten Bekämpfungsmittel, die Gruben, die Fallen, die umständlichen Treibjagden ihn nicht zum Aussterben gebracht hätten – in den gebirgigen Teilen der Schweiz sind sie ja zum Teil unmöglich – wenn ihm nicht ein weit wirksamerer Feind entstanden wäre in den weitreichenden modernen Schusswaffen, denen alles grössere Gewild unwiderstehlich zum Opfer fallen muss, sofern der Mensch nicht von sich aus seiner Jagd- und Verfolgungslust Schranken setzt. Dem Wolfe gegenüber allerdings wäre Sympathie und Schonung wenig angebracht gewesen und wir wollen unseren Vorfahren Dank wissen, dass sie uns von dieser Plage befreit haben.»

Johann Niederer publizierte gut 30 Jahre später im Bündnerischen Monatsblatt 1940 einen Aufsatz mit dem unzweideutigen Titel «Der Wolf und sein Vernichtungskampf in Graubünden». Mit etwas mehr Distanz und wesentlich neutraler in der Wortwahl präsentierte Clemens Hagen 1980 – also rund 15 Jahre vor der Rückkehr der ersten Wölfe in die Schweiz – eine Zusammenstellung über «Die thurgauische Wildfauna im Wandel der Zeit». Nach seinen Angaben betrug noch 1641 die Schussprämie für Wolf und Bär 40 Gulden. Für diesen Betrag habe man fünf Kälber kaufen können. Neben einigen Schilderungen zur Verfolgung des Raubtiers im Thurgau weist Hagen darauf hin, dass viele Lokalnamen wie etwa Wolfsgrueb oder Wolfswinkel auf ehemalige wölfische Präsenz hindeuteten.

Im 20. Jahrhundert tauchten in der Schweiz auf mysteriöse Art und Weise vereinzelt Wölfe auf. Woher stammten diese? Anhand von DNA-Proben, die fünf erlegten und in Museen ausgestellten Tieren entnommen wurden, konnten Wissenschaftler zeigen, dass die Wölfe in der ersten Hälfte des 20. Jahrhunderts zu den letzten Abkömmlingen der massiv geschrumpften europäischen Wolfspopulation gehörten, während sich diejenigen in der zweiten Hälfte des 20. Jahrhunderts genetisch davon unterschieden und deshalb vermutlich freigelassen worden oder aus Tierhaltungen entwichen waren.

Nach der jahrhundertelangen Phase der Ausrottung begann um 1900, ausgehend von neuen bürgerlich-städtischen Naturvorstellungen, eine neuerliche Umdeutung. Am Anfang dieser Entwicklung steht vielleicht das 1894 erschienene «Dschungelbuch» von Rudyard Kipling. Der kleine Mogli, ein Findelkind, wächst bei den Wölfen auf, wie einst Romulus in der Gründungslegende von Rom. In der zweiten Hälfte des 20. Jahrhunderts wird der Wolf schliesslich zur Ikone des Naturschutzes.

Der wohl bedeutendste europäische Meilenstein auf dem Weg zum strengen Schutz des Wolfs ist die Berner Konvention, ein völkerrechtlicher Vertrag des Europarats über den Schutz wildlebender Tiere und Pflanzen in Europa aus dem Jahr 1979. Der strenge Schutz zeigt Wirkung. Wölfe breiten sich in Gebiete aus, die sie während rund 200 Jahren nicht besiedelt haben. Da sich die Bestände des Schalenwilds im 20. Jahrhundert erholt haben und teilweise sehr hoch sind, finden die Wölfe derzeit genügend Nahrung. In verschiedenen Regionen Europas dehnte sich auch der Wald aus. Dank den Rückzugsmöglichkeiten für die Aufzucht vermehren sich die Wölfe erfolgreich. Damit wird ein neues Kapitel in der Geschichte zwischen Mensch und Wolf aufgeschlagen.

Quellen und verwendete Literatur

Gessner, Conrad: Thierbuch. Zürich 1551 / Von Tschudi, Friedrich: Das Tierleben der Alpenwelt. Leipzig 1853/1890 / Bretscher, Konrad: Zur Geschichte des Wolfes in der Schweiz. Neujahrsblatt der Naturforschenden Gesellschaft Zürich. Zürich 1906 / Niederer, Johann: Der Wolf und sein Vernichtungskampf in Graubünden. In: Bündnerisches Monatsblatt, Nr. 11. Chur 1940 / Hagen, Clemens: Die thurgauische Wildfauna im Wandel der Zeit. In: Feld – Wald – Wasser. Schweizerische Jagdzeitung, Nr. 3. 1980 / Ahne, Petra: Wölfe. Ein Portrait. Berlin 2016 / Heurich, Marco (Hg Wolf, Luchs und Bär in der Kulturlandschaft – Konflikte, Chancen, Lösungen im Umgang mit grossen Beutegreifer Stuttgart 2019 / Dufresnes, Christophe; Miquel, Christian; Taberlet, Pierre; Fumagalli, Luca: Last but not beast. The f of the Alpine wolves told by historical DNA. In: Mammal Research Vol. 64. 2019. S. 595–600 / Stiftung KORA: 25 Jah Wolf in der Schweiz. Eine Zwischenbilanz (KORA Bericht Nr. 91). Muri 2020 (siehe auch: www.kora.ch).

Elisa Frank, Nikolaus Heinzer
Die ersten Rückkehrer im Wallis.
Eine Region neu denken

Der Schauplatz liegt im Südwesten der Schweizer Alpen. Im Val Ferret im Unterwallis haben zwei Schafhalter im Spätherbst 1994 insgesamt zwölf gerissene Tiere zu beklagen. Im folgenden Alpsommer werden im gleichen Tal und im benachbarten Val d'Entremont an die 100 Schafe und Lämmer tot oder verletzt aufgefunden. Von manchen ist nur noch das Skelett übrig, oder die Kadaver sind bereits stark verwest; bei anderen Schafen sind die Bisse in der Kehle oder der aufgerissene Bauch und entsprechende Blutspuren noch gut sichtbar. Mehrere Tiere werden verletzt angetroffen und müssen erlöst werden, einige Schafe stürzen bei der Flucht die Felsen hinunter in den Tod. Schweizweit berichten die Medien daraufhin über die Verzweiflung der betroffenen Schafhalter und die unternommenen Anstrengungen, um die Nutztiere zu schützen und den Verursacher dingfest zu machen. Auch über die Identität des Tiers, das bald den Übernamen «La Bête du Val Ferret» erhält, wird in der medialen Berichterstattung gerätselt. Denn welches Tier für die Schäden verantwortlich ist, ist zu jenem Zeitpunkt noch nicht klar. Ein Luchs? Ein verwilderter Hund? Ein Wolf? Das Tierspital Bern untersucht im August 1995 eines der getöteten Lämmer und meldet: «Le prédateur le plus probable est un chien.»[1] Wahrscheinlich also ein Hund, während ein Luchs als Verursacher weitgehend ausgeschlossen werden kann. Im Verlaufe des Sommers können Schafhalter, Wildhüter, Polizisten und Grenzwächter, die in der Zwischenzeit zur Bewachung der gealpten Schafe anwesend sind, einige Male kurz ein hundeartiges Tier beobachten.[2]

Der Nachweis, dass sich in der Region des Grossen St. Bernhards tatsächlich ein Wolf bewegt, gelingt schliesslich am 5. Februar 1996: Um 2:03 Uhr tappt das Tier in eine oberhalb von Liddes (Val d'Entremont) installierte Fotofalle (Abb. 2). Nur zwanzig Stunden später gibt ein Wildhüter einen Schuss auf den Wolf ab – aufgrund der grossen Schäden hatte der Kanton Wallis in Abstimmung mit der Sektion Jagd und Wildtiere des zuständigen Bundesamts bereits Mitte August 1995 eine Abschussbewilligung für das Tier ausgesprochen. Der Schuss ist jedoch nicht tödlich, sondern verletzt den Wolf lediglich am linken Vorderbein. In den folgenden Tagen versuchen Wildhüter mit der Unterstützung zahlreicher Jäger aus der Region, das verletzte Tier zu finden und zu schiessen – erfolglos. Das Medieninteresse an dieser «Wolfsjagd» ist riesig, und die Bilder eines eigensinnigen Völkchens und vom Wallis als dem Wilden Westen der Schweiz werden dabei gerne bemüht. Im Wochenmagazin *L'Illustré* vom 14. Februar 1996 heisst es beispielsweise:

Abb. 2 Zurück in der Schweiz: Ein Wolf tappt am 5. Februar 1996 in eine Fotofalle im Val d'Entremont.

«Dépités, les chasseurs s'étaient alors réfugiés dans quelque pinte, à Issert ou à Praz-de-Fort, Tartarin vexés et jurant qu'ils n'abandonneraient pas. De battue en battue (20 participants mercredi, 30 jeudi, 50 samedi!), ils répandaient quelques nouvelles confuses et quelques parfaits mensonges: ‹Elle a fui vers le haut; elle a fui vers le bas; on a vu des traces dans la neige, du sang; on a tiré.› En réalité, ils se retranchaient dans leur camp, murés contre l'opinion, la presse, les autorités ‹et ces écolos de tous poils prétendant faire la loi chez nous. Alors que nous la connaissons bien, notre nature.›»[3]

Mit dem Nachweis, dass es sich bei der «Bête du Val Ferret» um einen Wolf handelt, ist zugleich eine Diskussion um dessen Herkunft lanciert: Ist das Tier auf natürlichem Weg in die Schweiz gekommen, oder wurde es heimlich illegal freigelassen? Im Dezember 1996 werden die Resultate der DNA-Analysen von Kothaufen, die man im September 1995 neben einem gerissenen Schaf fand und an ein spezialisiertes Labor in Grenoble schickte, bekannt: In den Proben konnten zwei verschiedene Wolfsindividuen nachgewiesen werden. Die genetische Analyse zeigt ausserdem, dass die beiden Tiere mit den Wölfen, die in den Abruzzen und in den italienischen und französischen Alpen leben, verwandt sind.[4] Während dies in den Augen vieler Fachleute für eine natürliche Rückkehr der Wölfe in die Schweiz spricht, ist es für den Walliser Jagdchef «pas la preuve que l'animal est venu à pied ou en voiture»,[5] wie er gegenüber den Medien sagt.

Veränderte Landschaften und Lebenswelten

Die Ereignisse in der Region des Grossen St. Bernhards von Herbst 1994 bis Frühling 1996 gelten als Beginn der Rückkehr der Wölfe in die Schweiz, nachdem die Tierart in der zweiten Hälfte des 19. Jahrhunderts hierzulande ausgerottet worden war (siehe «Von der Ausrottung zum Schutz des Wolfs»). Der letzte Hinweis auf die Präsenz von Wölfen im Val Ferret und im Val d'Entremont datiert vom Mai 1996. Die nächsten Tiere sollten jedoch nicht lange auf sich warten lassen: In Reckingen im Goms wird im November 1998 ein toter Wolf gefunden. Die Untersuchung des Kadavers zeigt, dass das Tier von Schrotkugeln getötet wurde und dass auch dieser Wolf aus der italienischen Wolfspopulation stammt. Zur selben Zeit reisst ein Wolf in der Region Brig-Simplon mehrmals Nutztiere. Die Rissserie endet, nachdem am 14. Januar 1999 ein Wolf bei einem Unfall auf der Simplonstrasse – er wird von einem Schneepflug erfasst – ums Leben kommt. Auch im darauffolgenden Sommer kann im Wallis wieder ein Wolf beobachtet werden, dieses Mal in der Gemeinde Hérémence im Mittelwallis. Genetische Analysen von Kotproben weisen auch dieses Individuum als Abkömmling der italienischen Wolfspopulation aus. Im nächsten Jahr erfolgen im benachbarten Val d'Hérens mehrere Angriffe auf Schafherden. Am 25. August 2000 wird schliesslich oberhalb von Evolène mit Bewilligung des Kantons und des zuständigen Bundesamts ein Wolf erlegt. Ein weiterer Wolf, welcher einige Täler weiter östlich, in Ginals, ebenfalls grosse Schäden an Nutztieren verursacht hat, wird am selben Tag legal geschossen.[6]

Diese ersten Wölfe, die in die Schweiz zurückkehrten, trafen im Wallis auf ganz andere Landschaften und Lebenswelten als zur Zeit ihrer Ausrottung im 19. Jahrhundert. Während ihrer Abwesenheit hatte sich insbesondere im Oberwallis ein landwirtschaftliches System entwickelt, das durch Wölfe vor eine grosse – in den Augen vieler Schafhalterinnen und -halter unmögliche – Herausforderung gestellt wird.

Zur Zeit der letzten Wolfssichtungen im Wallis, auf dem Gemeindegebiet von Sembrancher in den 1880er-Jahren,[7] war der Kanton noch stark agrarisch geprägt gewesen.[8] Im ausgehenden 19. Jahrhundert erlebten zuerst der Tourismus, später die Industrie einen Aufschwung. Insbesondere Werke der chemischen und der Metallindustrie siedelten sich um die Jahrhundertwende in der Rhoneebene an: 1897 die Lonza in Gampel (später auch in Visp), 1904 die Ciba in Monthey und 1905 die AIAG (später Alusuisse) in Chippis. Der Bevölkerung eröffneten sich hier neue Tätigkeitsfelder als Lohnarbeiter, jedoch behielten die allermeisten zur Absicherung ein Standbein in der Landwirtschaft und bewirtschafteten weiterhin ihren Grund und Boden in den Dörfern am Berg. Der Zürcher Volkskundler Arnold Niederer beschrieb diese «Form der kombinierten Berufstätigkeit»,[9] die vor allem in der Nachkriegszeit starke Verbreitung fand, mit dem Begriff des «Arbeiterbauern»: Die Haupteinkünfte der Arbeiterbauern stammten aus der Anstellung im industriellen, gewerblichen oder touristischen Sektor, und dennoch gaben sie «in ihrem Denken und Fühlen der landwirtschaftlichen Tätigkeit die Priorität».[10] Gerade die Frauen waren für die Aufrechterhaltung dieser Landwirtschaften zentral, indem sie noch mehr der auf dem Betrieb anfallenden Arbeiten übernahmen.[11] Als nach der Rezession der 1970er-Jahre die erneut einsetzende Hochkonjunktur das Lohnniveau im zweiten und dritten Sektor ansteigen liess, fiel die existenzsichernde Funktion des landwirtschaftlichen Betriebs nach und nach ganz weg: Das Arbeiterbauerntum wandelte sich zu einem Freizeitbauerntum. Auch die zunehmende Spezialisierung trug hierzu bei, absolvierten doch einheimische Arbeitskräfte immer häufiger eine Berufslehre und waren fortan als angestellte Facharbeiter und -arbeiterinnen tätig.

Aus dieser historischen Entwicklung erklärt sich die heutige prominente Stellung der Kleinviehhaltung im Oberwallis. Denn die Schafhaltung bot und bietet sich für Formen der Nebenerwerbslandwirtschaft an, da sie im Vergleich zur Grossviehhaltung weniger arbeitsintensiv ist. Entsprechend nahmen im Oberwallis in der zweiten Hälfte des 20. Jahrhunderts die Bestände an Kleinvieh, insbesondere an Schafen, stark zu.[12] Um die teils heftigen Reaktionen auf die Rückkehr der Wölfe zu verstehen, ist es wichtig, zu sehen, wo die Motive für das heutige Freizeitbauerntum liegen: Es geht nicht mehr primär um die rentabilitätsorientierte Produktion von Fleisch, Milch oder Wolle. Vielmehr spielen das Nutzen, Bearbeiten und Pflegen des ererbten Bodens und der Landschaft, die Freude an der Tierhaltung und die Zucht lokaler Tierrassen eine Rolle. So wird eine Verbindung zum land- und alpwirtschaftlichen Erbe aufrechterhalten und gepflegt. Eine wichtige Rolle spielen dabei die beiden autochthonen, regional sehr geschätzten Walliser Rassen Schwarznasenschaf und Schwarzhalsziege. Gerade das Schwarznasenschaf gilt als Oberwalliser Kulturgut und steht symbolisch für eine traditionelle und urtümliche alpine Lebensweise.

Die Rassestandards, welche das Aussehen der Schafe massgeblich beeinflussen, haben sich in den letzten Jahrzehnten allerdings gewandelt. Das Schwarznasenschaf hat sich von einem pflegeleichten und an extreme Bedingungen angepassten Gebirgsschaf zu einer «Liebhaberrasse» entwickelt, bei der das Aussehen der Tiere im Vordergrund steht, wie Urs Zimmermann, ein ehemaliger Schwarznasenzüchter, erzählt.[13] Hatten die Schwarznasenschafe früher nur sehr kurz behaarte Körper, soll die Wolle heute auch an den Beinen und am Kopf stark ausgeprägt sein und bis weit nach unten zum Boden beziehungsweise zu den Augen reichen. Die Verschiebung in den Motiven für die Haltung von Schwarznasenschafen weg von einer Subsistenzlandwirtschaft hin zu einer auf Ästhetik und kulturelle Werte fokussierten Schafzucht spiegelt sich also in der Änderung der Zuchtstandards und im dementsprechend veränderten Aussehen der Schafe wider – eine Verschiebung, die zeigt, dass das Kulturgut «Schwarznasenschaf» durchaus wandelbar ist.

Schwarznasenschafhalter und -halterinnen im Nebenerwerb besitzen – neben einem 80- bis 100-Prozent-Job – zumeist nur einen kleinen Viehbestand von ein, zwei, vielleicht drei Dutzend Tieren, mit dem sie die steilen und kargen Walliser Berghänge extensiv und stufenweise bewirtschaften. «Nebenerwerb» meint dabei aber keineswegs, dass die Tierhaltung im Alltag der Schafbesitzerinnen und -besitzer eine Nebenrolle spielt. Vielmehr ist sie ein Element, welches ihren Alltag und den Jahresverlauf und damit ihr Selbstverständnis massgeblich mitbestimmt. Im Frühling und Herbst weiden die Schafe nahe bei den Dörfern. Aufgrund des im Wallis praktizierten Erbsystems der Realteilung, bei dem der Besitz gleichmässig unter allen Erbberechtigten verteilt wird, ist der Boden relativ stark zerstückelt. Die sogenannten Frühlings- und Herbstweiden sind daher oft kleinteilig und liegen über das Gemeindegebiet verstreut. Den Sommer verbringen die Schwarznasenschafe auf der Alp. Die Rasse zeichnet sich durch eine hohe Standort- und Gruppentreue aus, das heisst, die Tiere eines Züchters oder einer Züchterin bleiben in der Regel in ihrer Gruppe zusammen und haben den ganzen Sommer über ihren eigenen, ziemlich festen Standort auf der Alp. Schwarznasen gelten trotz den Veränderungen gewisser Zuchtstandards als autonome und genügsame Schafrasse. Im System des freien Weidegangs sehen die Besitzerinnen und Besitzer alle paar Tage nach ihren Tieren. Sie bringen Salz und kontrollieren, ob es kranke, verletzte oder vermisste Schafe gibt. Ansonsten sind die Tiere auf der Alp weitgehend sich selbst überlassen, und die Schafhalterfamilien haben Zeit, um auf den Wiesen in tieferen Lagen das Heu für die Fütterung der Tiere im Winter einzubringen.

Neue Routinen in der Alpwirtschaft?

Überall, wo Wölfe auftauchen und wieder heimisch werden, stellt dies die Tierhaltung, insbesondere die Kleinviehhaltung, vor Probleme, und es werden Anpassungen nötig, um die Nutztiere vor Wölfen zu schützen. Auch im Oberwallis erzwingt die Rückkehr von Grossraubtieren eine neue Auseinandersetzung mit dem landwirtschaftlichen System und seiner kleinstrukturierten und vorwiegend im Nebenerwerb betriebenen Schafhaltung, bei welcher der freie Weidegang über den Sommer ein zentraler Bestandteil ist. In diesem historisch gewachsenen System steht die Umsetzung von Herdenschutzmassnahmen besonderen, lokalspezifischen Herausforderungen gegenüber.[14]

Die im Oberwallis, wie etwa hier in der Gemeinde Törbel, weitverbreitete Kleinviehhaltung im Nebenerwerb steht durch die Rückkehr der Wölfe vor besonderen, lokalspezifischen Herausforderungen. Die notwendigen Anpassungen, um die Schafherden vor Wölfen zu schützen, verändern auch die Landschaft und die Alltagsroutinen der Schäferinnen und Schäfer.

Die Bindung zu den einzelnen, wenigen Tieren, die eine Familie hält, ist im Falle der Schwarznasenschafhaltung, die eine Zucht- und Liebhaberangelegenheit ist, sehr eng. Fällt ein Tier einem Wolf zum Opfer, so wird die Besitzerin oder der Besitzer dafür zwar entschädigt, der emotionale und züchterische Verlust kann damit aber nicht aufgefangen werden. Die staatliche finanzielle Entschädigung ist zudem bei Schwarznasenschafen oftmals nicht ausreichend, um den züchterischen Wert eines Tiers zu ersetzen. Der erlittene Verlust, wenn ein Tier von einem Wolf gerissen wird, ist also bei kleineren Nebenerwerbsbetrieben ausgeprägter als bei Vollzeitbetrieben, bei denen vor allem der wirtschaftliche Schaden im Vordergrund steht. Dies führt Georges Schnydrig, Schwarznasenschafhalter aus Lalden und Co-Präsident des Vereins Schweiz zum Schutz der ländlichen Lebensräume vor Grossraubtieren, aus:[15]

«Der Vollerwerbstierhalter hat in erster Linie ein wirtschaftliches Problem, wenn er Schäden hat. Klar sind auch für ihn die Emotionen bei Schäden sehr gross. Für ihn entfällt eher der Zuchtgedanke. Im Gegensatz zu Betrieben mit einem von Grund auf definierten Zuchtauftrag steht dies bei Vollerwerbstierhaltern eher an zweiter Stelle. Die Zucht ist mit sehr viel zusätzlicher Arbeit und Ausdauer verbunden, und der Schafhalter will nicht mit Staatsgeldern abgespeist werden, er will seine jahrelange Zucht den gesetzlichen Vorgaben entsprechend weiterführen und sicherstellen. In dieser Ausgangslage hat die Anwesenheit des Wolfs keinen Platz. Einem Vollerwerbsschäfer, der 300 und mehr Schafe hat, ist vor allem auch wichtig, dass er seine Lammproduktion aufrechterhalten kann. Dabei geht es auch um die Masse. Bei uns hat jedes Schaf noch eine Linie, einen Namen und ist genau definiert. Das hat der Bauer, der eine grosse Menge an Tieren hält, nicht, der hat in erster Linie ein wirtschaftliches Problem.»[16]

Das Umsetzen von Herdenschutzmassnahmen bedeute auch für jemanden, der Schafhaltung als Profession betreibt und mehrere Hundert Schafe hält, einen nicht zumutbaren Mehraufwand, fährt Schnydrig fort. Aber: «Dieselbe Arbeit haben wir eben dann auch, den Mehraufwand, obwohl wir nicht vollamtlich arbeiten. Das ist deshalb für uns noch viel extremer vom Aufwand her.» Schafhalter und Schafhalterinnen im Nebenerwerb haben ein beschränktes Zeitbudget für ihre landwirtschaftliche Tätigkeit zur Verfügung, und es stellt sich die Frage, ob und wann sie der Mehrarbeit, die der Herdenschutz erfordert, nachkommen können. Dies trifft insbesondere auf die Sömmerung zu, die bisher im freien Weidegang mit verhältnismässig wenig

Aufwand betrieben werden konnte. Um die Schwarznasenschafe vor Grossraubtierangriffen zu schützen, können sie aber auf der Alp nicht mehr länger sich selbst überlassen werden, sondern müssen in einem sogenannten Umtriebsweidesystem in abgezäunten Weidesektoren gesömmert werden. Idealerweise werden sie dabei von Herdenschutzhunden und einem Hirten begleitet, welcher sie über den Sommer von Sektor zu Sektor führt (zum Herdenschutz siehe S. 121–124).

Im Auftrag des Kantons Wallis und des Bundesamts für Umwelt (BAFU) untersuchte die Agridea, die als landwirtschaftliche Beratungszentrale der Kantone auch für die nationale Koordination des Herdenschutzes zuständig ist, zwischen 2012 und 2014 in einer Studie die Schafsömmerung auf den Alpen im Kanton.[17] Demnach wurden 2012 im Oberwallis 69 Prozent aller Schafe im freien Weidegang gesömmert, 15 Prozent verbrachten den Sommer auf einer Alp mit Umtriebsweidesystem, und 16 Prozent der Oberwalliser Schafe waren unter ständiger Behirtung, darunter jedoch keine Schwarznasenherden. Die Direktzahlungsverordnung des Bundes fördert die ständige Behirtung sowie Umtriebsweiden durch abgestufte Beiträge. Diese beiden Sömmerungssysteme gelten bezüglich Weidequalität und ihres Einflusses auf die Artenvielfalt als vorteilhafter. Durch ihre kontrollierte Weideführung wirken sie sowohl der Übernutzung wie der Unternutzung bestimmter Bereiche einer Alp entgegen. Auch für die Umsetzung von Herdenschutzmassnahmen sind diese zwei Systeme Mittel der Wahl.

Eine gewisse Herdengrösse ist Voraussetzung sowohl für eine Behirtung als auch für Umtriebsweiden beziehungsweise für eine Kombination dieser zwei Systeme. Im Fall des Oberwallis bedeutet dies eine besondere Herausforderung, müssen hierfür doch viele kleine Gruppen von Schwarznasenschafen von verschiedenen Besitzern und Besitzerinnen zu einer homogenen Herde zusammengeführt werden. Damit sich eine Behirtung finanziell rechnet, sind je nach Quelle mindestens 400 bis 500 Schafe nötig.[18] Auch für das Umtriebsweidesystem ist eine gewisse Herdengrösse von Vorteil, weil sich der Aufwand für die Einzäunung von Koppeln bei einer grösseren Anzahl von Schafen eher lohne, wie die erwähnte Studie festhält.[19] Soll die Herde behirtet werden, ist zudem gut ausgebildetes und erfahrenes Personal gefragt. Solches zu finden, ist nicht einfach, und die Nachfrage nach qualifizierten Hirtinnen und Hirten wächst stetig.[20] Eine ständige Behirtung erfordert darüber hinaus auch eine Minimalinfrastruktur mit Unterkunft, Wasserversorgung und einem Ort zum Unterbringen von Zaunmaterial. Diese Infrastruktur ist in Gebieten wie dem Oberwallis, die im bisher praktizierten Sömmerungssystem keine Schafhirtentradition kennen, oft nicht vorhanden oder in einem schlechten Zustand.

Ebenfalls gezäunt werden – idealerweise nahe der Hirtenunterkunft – Nachtpferche, in welche die Schafe am Abend getrieben werden können. Solchen Nachtpferchen stehen die Züchter und Züchterinnen aber wiederum oftmals kritisch gegenüber, da sie nicht mit dem Tagesrhythmus der Schwarznasenschafe vereinbar seien, wie Georges Schnydrig ausführt: «Ein Schwarznasenschaf geht morgens von sechs bis acht Uhr auf die Weide, und dann ist es still und macht am Abend von sechs bis neun mit Fressen weiter.» Wird Herdenschutz betrieben, dann müsse das Schaf also, so Schnydrig, «in der Phase, in der es eigentlich dem Fressen nachgeht, in den Nachtpferch eingezäunt»[21] werden. Die Züchterinnen und Züchter fürchten deswegen, dass die Tiere den Sommer über weniger zunehmen, also weniger stattlich von der Alp zurückkommen. Die Statur ist für die Bewertung der Zuchttiere an Schafschauen jedoch ein wichtiges Kriterium.

Herdenschutzmassnahmen werden in der Schweiz staatlich unterstützt und gefördert. Die Umstellung auf Herdenschutz ist für den einzelnen Schafhalter beziehungsweise die einzelne Schafhalterin aber mehr als eine bloss finanzielle Frage, geht es doch um eine Veränderung von gewohnten Arbeitsabläufen und Alltagsroutinen. Solche Veränderungen fordern heraus – ganz egal, um welchen Lebensbereich es geht. Da es sich bei der Schafhaltung im Oberwallis vielfach nicht um Subsistenzlandwirtschaft handelt, entschliessen sich manche Züchter und Züchterinnen auch, die Schafhaltung gleich ganz aufzugeben, anstatt sich den neuen, herausfordernden Verhältnissen anzupassen.

Die Kulturanthropologen Billy Ehn und Orvar Löfgren[22] weisen darauf hin, dass alltägliche Routinen nicht einfach triviale, unreflektierte Wiederholungen eingespielter Bewegungen und Abläufe sind, sondern viel eher der Stoff, aus dem Alltagswelten gemacht sind. Daher hängen Routinen – im hier interessierenden Kontext der Walliser Schafhaltung oft auch als «Traditionen» benannt – stark mit Fragen von Macht, Selbstbestimmung und Kontrolle zusammen, so Ehn und Löfgren weiter. Will heissen: Gerade wenn es um alltägliche Routinen geht, bei denen wir uns zu Änderungen angehalten sehen, empfinden wir dies als besonders starken Eingriff in unsere selbstbestimmte Lebensgestaltung. Auf die Frage, was für ihn das Hauptproblem im Zusammenhang mit der erneuten Präsenz von Wölfen in der Schweiz sei, beginnt Georges Schnydrig seine Antwort bezeichnenderweise denn auch mit einer Beschreibung des Gefühls, bevormundet zu werden:

«Ich werde einfach in meiner Lebensgrundlage total eingeschränkt. Was ich überhaupt nicht will, das wird mir vorgegeben von irgendjemandem, der sagt: ‹Jetzt will ich einen Wolf in der Schweiz haben.› Da werde ich in meiner ganzen Lebensentwicklung, in meiner Lebensgrundlage einfach wirklich eingeschränkt. Ich kann mich auf einmal nicht mehr frei bewegen, kann auf einmal nicht mehr Tiere halten.»[23]

Bezeichnend sind die konkreten Worte, die Schnydrig verwendet: Ihm wird von anderen nicht nur vorgeschrieben, was er zu *tun*, sondern noch zugespitzter: wie er zu *leben* hat. Dies akzentuiert die gefühlte Fremdbestimmung, die er beschreibt.

Solche empfundenen Machtungleichheiten sind auch zentral in Bezug auf einen weitverbreiteten Diskurs im Zusammenhang mit der erneuten Präsenz von Wölfen in vielen Ländern Mittel- und Westeuropas: den Diskussionen, ob es sich dabei um eine natürliche Rückkehr oder eine möglicherweise von Menschenhand beförderte Wiederansiedlung der Tiere handelt. Die aus biologischer Sicht natürliche und naturwissenschaftlich nachgewiesene Rückkehr der Wölfe nach Mittel- und Westeuropa wird in öffentlichen Debatten immer wieder kontrovers diskutiert. Tauchen Wölfe an einem neuen Ort auf, finden sich zumeist Akteure, die die Natürlichkeit dieser Rückkehr anzweifeln und hinter der Ausbreitung von Wölfen und anderen Beutegreifern eine gezielte Ansiedlung vermuten. Diese gegenläufigen Erzählungen zur natürlichen Rückkehr der Tiere sind weder für das Wallis noch für die Schweiz spezifisch, sondern für zahlreiche Länder dokumentiert, in denen in den letzten Jahrzehnten Wölfe wieder heimisch geworden sind. Sie ähneln sich stark – Wölfe sollen von Naturschützerinnen und -schützern oder den Behörden mit dem Auto gebracht oder durch gezielte Anfütterung über die Grenze gelockt worden sein; sie sollen mit dem Helikopter eingeflogen oder aus einem Gehege freigelassen worden sein – und dennoch sind die Geschichten oft sehr lokalspezifisch. So werden etwa konkrete, örtlich bekannte Personen benannt, die für die heimliche illegale Wiederansiedlung verantwortlich sein sollen, oder die lokale Topografie spielt eine wichtige Rolle in der Beweisführung. Zuweilen wird auch von der Wiederansiedlung von Wölfen als Teil eines grösseren Plans zur Entvölkerung peripherer Gebiete gesprochen.

Solche Sichtweisen, die von der offiziellen Position der natürlichen Rückkehr abweichen, hängen mit der Wahrnehmung und gleichzeitigen Anfechtung ungleicher Machtverhältnisse zusammen:[24] Als Gegenerzählungen machen sie es möglich, ein diffus wahrgenommenes Problem, nämlich die empfundene Machtungleichheit, zu verbalisieren. Das Machtgefälle wird so greifbar und damit zugleich angreifbar gemacht. Oft führt dies jedoch letztlich dazu, dass eben diese durch das Gegennarrativ angesprochenen und angegriffenen Machtungleichheiten reproduziert und verstärkt werden: Denn staatliche Akteure und Naturschutzorganisationen greifen in der Diskussion um die Natürlichkeit der Wolfsrückkehr auf die Beweiskraft wissenschaftlicher Studien zurück. Den Vertreterinnen und Vertretern von Aussetzungsthesen sprechen sie Wissenschaftlichkeit und Seriosität ab und entziehen deren Position somit Glaubwürdigkeit. Zudem wird oft auf den strategischen politischen Charakter von Aussetzungsnarrativen verwiesen, das heisst auf eine «eigentliche», dahinterliegende Motivation, nämlich Wölfe – die im Fall einer Aussetzung illegal hier wären – abschiessen können zu wollen.

Schafe und Menschen: soziale Gefüge und politisierte Nutztierkörper

Schafe sind im Wallis also sehr stark in soziale Gefüge eingebettet. Dies findet auch in einer Reihe von äusserst beliebten, schafsbezogenen Veranstaltungen Niederschlag. Jeden Frühling wird beispielsweise in Visp der «Widderimärt», organisiert vom Oberwalliser Schwarznasenschafzuchtverband, abgehalten. Schafhalter und -halterinnen aus der ganzen Region führen hier ihre Zuchtwidder in verschiedenen Alterskategorien den Fachexperten vor, die die Tiere nach den offiziellen Rassestandards bewerten. Fixer Bestandteil dieses Anlasses ist auch der sogenannte «Widderwaschtag» am Vortag, wenn sich die Züchterinnen und Züchter in den örtlichen Schwarznasengenossenschaften treffen, um ihre Tiere für die Schau vorzubereiten.

Am Dorfrand von Lalden, einer Nachbargemeinde von Visp, herrscht an diesem Märztag reger Betrieb.[25] Laufend fahren Schafbesitzer und -besitzerinnen mit ihren Anhängern vor und laden ihre Tiere vor der dort eingerichteten Waschstelle ab. Zu ihnen gehört auch Georges Schnydrig, den wir zum Widderwaschtag und dem Widdermarkt am nächsten Tag begleiten. Gemeinsam mit seinem Bruder Beat und dessen Sohn Mathias kommt Georges, um drei Widder für die morgige Schau zurechtzumachen. Zuerst durchschwimmen die Tiere ein Wasserbecken. Danach bugsieren die Männer sie in eine Wanne mit Seifenwasser, wo ihr Fell ordentlich eingeschäumt wird. Zuletzt werden die Tiere mit frischem Wasser aus Kübeln wieder abgespült. Die körperlich anstrengende Arbeit ist für Georges, Beat und Mathias nun getan, das Trocknen der Felle überlassen sie Luft und Sonne. Sie binden die Widder an Stricken fest und gesellen sich zu der Runde, die sich auf einer Wiese am Dorfrand gebildet hat und die im Verlaufe des Tages immer grösser wird: Schafbesitzerinnen und -besitzer, aber auch Angehörige, Kinder und weitere Dorfbewohner und Dorfbewohnerinnen jeden Alters finden sich ein, sie stehen und sitzen zusammen und teilen bei Raclette und Getränken die Vorfreude, aber auch die Anspannung vor dem morgigen Tag.

Am Tag der Schau bringen die Schafhalterinnen und -halter ihre Tiere früh am Morgen auf den Parkplatz vor dem Primarschulhaus in Visp. Hunderte von Widdern sind hier in langen Reihen festgemacht. Um acht Uhr beginnt die Begutachtung durch die Experten des Zuchtverbandes. Georges und Beat stehen wie die anderen Züchter und Züchterinnen und zahlreiche Besuchende hinter der Absperrung und beobachten, wie die Jury-Mitglieder durch die Reihen schreiten, die einzelnen Tiere mustern und betasten, sich beraten und Punktzahlen in ihren Schreibblöcken festhalten. Aussehen, Struktur und Farbgebung der Wolle werden ebenso bewertet wie Statur, Beinstellung, Rückenlinie, Zähne und Hörner der Widder. Je länger der Vormittag dauert, desto mehr kommt auch der gesellige Teil in Gang: Man unterhält sich mit Freunden und Bekannten, begutachtet die Ware an den Verkaufsständen – im Angebot sind landwirtschaftliche Geräte und Maschinen, Modeaccessoires und Souvenirs – und verpflegt sich.

Um die Mittagszeit ist die Begutachtung durch die Jury abgeschlossen. Die Absperrungen werden zur Seite geräumt, und auch die Züchterinnen und Züchter sowie das Publikum dürfen nun auf den Platz. Die Besitzer und Besitzerinnen suchen die Nähe zu ihren Widdern, aber auch Personen aus dem Publikum nähern sich einzelnen Tieren. Diese werden gestreichelt und befühlt, man kauert sich vor sie hin oder posiert mit ihnen für ein Foto. Am frühen Nachmittag verkündet die Jury die Ergebnisse. Bei der Siegerehrung führen die stolzen Besitzer und Besitzerinnen der am besten benoteten Tiere diese auf die Bühne und nehmen Urkunde und Preis entgegen. Speziell hervorgehoben werden vom Präsidenten des Oberwalliser Schwarznasenschafzuchtverbands, der die Rangverkündigung über Lautsprecher kommentiert, sogenannte «Maximumwidder», also Tiere, die in ihrer Alterskategorie die volle Punktzahl erreicht haben, sowie sehr junge Schafzüchter und -züchterinnen und ihre Widder. Das gesellige Beisammensein bei Speis und Trank, mit Gesprächen und Musik geht auch nach Abschluss der Siegerehrung weiter und dauert bis in die Abendstunden.

Jeden Frühling veranstaltet der Oberwalliser Schwarznasenschafzuchtverband den Widdermarkt. An diesem Anlass werden die männlichen Schafe von einer Jury bewertet. Am Tag davor treffen sich die Schafhalterinnen und Schafhalter in ihren Gemeinden, um die Widder zu waschen und für die Schau vorzubereiten. An solchen Anlässen kommen verschiedene soziale Gruppen zusammen und stärken ihren Zusammenhalt: Familien, die Schäferkollegschaft, die Dorfgemeinschaft, das Oberwallis. Viele Beteiligte sehen Wölfe daher nicht nur als Bedrohung für Leib und Leben der Schafe, sondern auch als Bedrohung für die sozialen Gefüge, die an die Schafe geknüpft sind.

Kat. 4B
451 – 600

Kat. 2A
51 – 125

Anmeldung Rekurs
13:25 bis 13:45 Uhr
im Marktbüro
SN-WIDDERMARKT 2017

METZGEREI
BAMMAT
3904 NATERS | 027
bammatter-na

Spass, Freude, fröhliches Zusammensein und Solidarität, aber auch Anspannung und Konkurrenz, Stolz und Prestige – die Emotionen, die die Schafhalter und -halterinnen am und rund um den Widdermarkt erleben, sind vielfältig und intensiv. An einem solchen Anlass wird besonders deutlich, dass die Zucht von Schwarznasenschafen auch eine soziale Funktion hat – die Schafe bringen Menschen zusammen und lassen sie gemeinsam etwas tun.[26] Dies trifft auch auf andere Aktivitäten im «Schäferjahr» zu: Die Besuche bei den Schafen während der Alpzeit im Sommer, um nach kranken oder verletzten Tieren Ausschau zu halten und die Schafe mit Salz zu versorgen, werden meist mit einem schönen Zusammensein mit Familie, Freunden oder «Schäferkollegen und -kolleginnen» kombiniert. Im Herbst, kurz nach der Abalpung, finden die Prämierungen der weiblichen Zuchttiere statt. Anders als der Widdermarkt in Visp im Frühling, bei dem sich Züchterinnen und Züchter aus dem ganzen Oberwallis mit ihren Tieren versammeln, sind die Prämierungen der weiblichen Tiere in den lokalen Zuchtgenossenschaften der einzelnen Gemeinden organisiert – ein Anlass, bei dem sich das ganze Dorf trifft. Zudem gibt es mittlerweile auch touristisch bekannte und beworbene Anlässe wie etwa die Schafscheid bei der Abalpung der Schafe auf der Belalp.[27]

An Anlässen wie dem Widdermarkt und dem Widderwaschtag kommen verschiedene soziale Gruppen zusammen und pflegen so ihren Zusammenhalt. Die Zugehörigkeit zu unterschiedlichen Kollektiven wird sichtbar und zugleich gestärkt. Da sind einmal die Familien, die oftmals eine Zuchtgemeinschaft bilden und sich etwa den Stall und die Frühjahrs- und Herbstweiden rund ums Dorf teilen. Das Transportieren und das Waschen der Widder am Vortag der Schau erledigen mehrere Familienmitglieder gemeinsam. Weiter kommen die Zuchtgenossenschaften der einzelnen Dörfer zusammen. Innerhalb der viel gerühmten «Schäferkollegschaft» wird eine freundschaftliche Konkurrenz gepflegt, etwa wenn nach getaner Arbeit die trocknenden Widderkörper betrachtet, befühlt und verglichen werden – schliesslich werden die Schafbesitzer und -besitzerinnen beziehungsweise ihre Tiere an der Schau am nächsten Tag auch einzeln beurteilt. Dennoch treten die Züchterinnen und Züchter der lokalen Dorfzuchtgenossenschaften am Wettbewerbstag nach aussen hin als solidarische, geschlossene Einheit auf. Darüber hinaus versammelt der Waschtag vor der Schau nicht nur die «Schäfer» und «Schäferinnen» unter der Dorfbevölkerung. Auch weitere Personen – von jung bis alt –, die selbst keine Schafzucht betreiben, finden sich bei der Waschstelle ein und beteiligen sich an den Gesprächen und Emotionen im Vorfeld des

Wettbewerbs. Besonders betont und hervorgehoben wird von Involvierten das generationenübergreifende Zusammenkommen bei solchen Anlässen.

Neben diesen kollektiven Identitäten – Familie, Schäferkollegschaft, Dorfgemeinschaft –, die durch den Widdermarkt gestärkt werden, geht es jedoch auch um individuelle Identitäten, um Konkurrenz und Sozialprestige: Einzelne Schafbesitzer und -besitzerinnen können sich durch ihre Tiere, die bei der öffentlichen Schau gute Benotungen erzielen, auszeichnen; das Schaf und seine Leistung färben quasi auf die Person ab, die es gezüchtet, gepflegt und grossgezogen hat. So erwirbt die Züchterin oder der Züchter durch die Tiere soziale Anerkennung in der Dorfgemeinschaft und darüber hinaus.

Bei der Schafschau wird jedoch nicht nur Prestige vom einzelnen «Spitzentier» auf seinen Besitzer oder seine Besitzerin übertragen. Es findet auch eine Übertragung der Eigenschaften, die der Schwarznasenschafrasse zugeschrieben werden, auf die Region Oberwallis und deren Bevölkerung statt. Denn Schwarznasen stehen für Urtümlichkeit, Orts- und Naturverbundenheit, aber auch für Widerstandsfähigkeit, Überlebenskraft und Schönheit. Und diese Werte fliessen über das Tier in regionalspezifische Identitätsdiskurse und Labeling-Praktiken ein. An einem Anlass wie dem «Widderimärt» wird somit – vermittelt über das Schwarznasenschaf – auch die Identität einer ganzen Region und ihrer Bewohner und Bewohnerinnen verhandelt, gezeigt und gestärkt. Neben Familienzusammenhängen, Schäferkollegschaften und Dorfgemeinschaften ist das Wallis beziehungsweise Oberwallis damit ein weiteres Kollektiv, das bei solchen Anlässen zusammenkommt und sich seiner selbst vergewissert.

In den Kulturwissenschaften werden kollektive Identitäten nicht als gegeben angenommen, sondern deren Entstehungs- und Gebrauchsgeschichte untersucht. Obwohl kollektive Identitäten in einer solchen Perspektive also soziale Konstrukte sind, muss man sie dennoch als wirkmächtig ernst nehmen: «Identitätskonstrukte können sehr wirklich sein und – wie andere Ideen auch – Menschen zu bestimmten Handlungsformen [...] motivieren und mobilisieren»,[28] so der Ethnologe Martin Sökefeld. Gerade wenn Identitätskonstruktionen «an Erfahrungen anschliessen können, wenn sie etwa wichtige Symbole aufgreifen und überzeugende Interpretationen für Ereignisse und gesellschaftliche Konstellationen anbieten»,[29] versprechen sie, gut zu funktionieren. Die Schwarznasenschafe, deren Verbreitung im Oberwallis wie erläutert eng mit der (land-)wirtschaftlichen Entwicklung der Region seit dem ausgehenden 19. Jahrhundert verknüpft ist, sind ein solches Symbol, an das die Bildung und Stärkung einer Oberwalliser Identität und eines regionalen Kollektivs erfolgreich anknüpft. Wenn nun die Haltung dieser Tiere durch den Wolf infrage gestellt ist, dann wird Letzterer nicht nur als Bedrohung für Leib und Leben der Schafe, sondern auch als Bedrohung für die sozialen Gefüge und für die identitätsstiftende alpine Kulturlandschaft wahrgenommen.

Schafe sind also einerseits Tiere aus Fleisch und Blut – und als solche durch Wölfe bedroht –, und gleichzeitig stehen sie für bestimmte alpine Wirtschafts- und Lebensweisen. Im politischen Diskurs zu Wölfen ist zu beobachten, wie Schafe entsprechend als Verkörperung dieser Wirtschafts- und Lebensweisen eingesetzt werden. Sehr zugespitzt operiert das Plakat der Volksinitiative «Für einen Kanton Wallis ohne Grossraubtiere» (Abb. 3) mit Schafen als Repräsentanten des ganzen Kantons und seiner Bevölkerung. Diese Initiative, 2016 von Oberwalliser CVP- und CSP-Politikern und -Politikerinnen lanciert, verlangte eine Verschärfung der kantonalen Regulierung grosser Beutegreifer.[30] Auf dem Plakat sind die Umrisse des Kantons Wallis zu sehen. Darin grasen sechs Schafe. Oben links, ausgesperrt hinter einer weiss-roten Schranke, fletscht ein blutrünstiger Wolf seine Zähne – eine Bedrohung nicht nur für die einzelnen Schafskörper, sondern ebenso für die mit der Schafhaltung verbundenen (alpinen) Um- und Lebenswelten.

Schafskörper sind in den Auseinandersetzungen um Wölfe auf der visuellen Ebene sehr präsent und werden oft eingesetzt, um «direkte Betroffenheit» zu signalisieren und entsprechende Forderungen zu legitimieren. Immer wieder ist zu beobachten, wie die Körper von Nutztieren – ob lebend oder tot – in politischen Protestaktionen zum Einsatz kommen: Gerissene Schafe und Ziegen werden gut sichtbar auf der Weide, am Strassenrand oder mitten auf dem Dorfplatz platziert (Abb. 4). Bilder von toten, blutüberströmten Nutztieren werden online gepostet, aber auch analog an gut frequentierten Standorten wie etwa Parkplätzen oder Bushaltestellen aufgehängt. Schafe und Ziegen werden auf Demonstrationen in die Hauptstadt mitgenommen (Abb. 5). Und für gerissene Nutztiere werden Mahnmale errichtet (Abb. 6) – hier funktioniert die Politisierung der Nutztierkörper dann gerade über deren Absenz. Die Konfrontation mit Bildern von lebendigen, gerissenen, blutigen oder absenten Tierkörpern soll die erfahrenen beziehungsweise möglichen Verluste für die Betrachterinnen und Betrachter emotional nachempfindbar machen. Zudem soll sie der Aussage Nachdruck verleihen, dass durch die Bedrohung von Schafskörpern immer auch menschliche Lebenswelten und -entwürfe in den Berggebieten betroffen sind.[31]

Abb. 3 Bedroht durch den Wolf: Schafe als Verkörperung von Walliser Wirtschafts- und Lebensweisen auf dem Plakat der Volksinitiative «Für einen Kanton Wallis ohne Grossraubtiere».

bb. 4–6 Tote, lebende und absente Nutztierkörper signalisieren direkte Betroffenheit und machen Verluste nachvollziehbar: tote Schwarznasenschafe am Strassenrand in Ergisch (2016), Nutztiere an einer Manifestation für die Jagdgesetzrevision auf dem Berner Bundesplatz (2020) und ein Mahnmal für gerissene Tiere in Unterbäch (2016).

Marius Risi, der sich mit dem sozialen und kulturellen Wandel von Oberwalliser Lebenswelten in der zweiten Hälfte des 20. Jahrhunderts befasst hat, stellt fest, dass die Erzählung von den Walliserinnen und Wallisern als eigenständig und «grundsätzlich verschieden vom Rest der Schweizer Bevölkerung» sowohl in der Aussen- als auch Innensicht fest etabliert sei und regelmässig gepflegt werde.[32] Zu den Eigenschaften, die dieser Personengruppe dabei zugeschrieben werden, gehören beispielsweise unantastbare Monopolmeinungen, die Betonung des Bergbäuerlichen, Vetternwirtschaft oder Geselligkeit. Auf solche Erzählungen über das Wallis und seine Bevölkerung wird oft zurückgegriffen, wenn Reaktionen auf die zurückgekehrten Wölfe und der Umgang mit ihnen in dieser Region erklärt werden. Gleichzeitig ist die Präsenz von Wölfen damit auch ein neues Feld, in dem – im Wechsel von Fremd- und Selbstwahrnehmung – an der Erzählung zum Kollektiv der Walliserinnen und Walliser weitergeschrieben wird.

Zentral für diese Erzählung ist gerade auch das Verhältnis des Wallis zur restlichen Schweiz. Es geht daher, wenn wir es mit Wölfen im Wallis zu tun haben, oft auch um die Beziehung von Wallis und «Üsserschwiiz». Als «Üsserschwiiz» bezeichnen die Bewohnenden des Oberwallis die restliche Schweiz, insbesondere die Deutschschweiz. Diese besondere Beziehung kommt in der politischen Diskussion zum richtigen Umgang mit Wölfen ausgiebig, oft auch wirksam und nicht immer auf konstruktive Weise zum Einsatz. Sie wird aber ebenso in anderen, nicht im engeren Sinne politischen Kontexten genutzt. Dies zeigt die Geschichte rund um den (vorübergehenden) Logowechsel des Open Air Gampel.[33]

In Gampel, einem Dorf in der Rhoneebene am südlichen Talausgang des Lötschentals, findet jedes Jahr im August eines der grössten Musikfestivals der Schweiz statt. Das Logo des Festivals zierte seit der Gründung 1986 ein Steinbock (Abb. 7). Dieser wurde im November 2015 im Hinblick auf das im nächsten Sommer stattfindende Open Air kurzzeitig durch einen Wolf ersetzt (Abb. 8). Es handelte sich dabei – wie sich später herausstellte – um eine Marketingkampagne, die darauf abzielte, in den sozialen Medien und in Kommentarspalten möglichst viele Voten und Klicks zu generieren, um in der für den Vorverkauf wichtigen Vorweihnachtszeit für Aufmerksamkeit zu sorgen. Dies gelang der Kampagne gerade auch dank der offiziellen Begrün-

bb. 7/8 Vom Steinbock zum Wolf: der vorübergehende Logowechsel des Open Air Gampel spielt auf die Beziehung von Wallis und «Üsserschwiiz» an.

dung für das neue Logotier, wie sie der Kommunikationsverantwortliche des Open Air, Olivier Imboden, anlässlich der Lancierung im Oberwalliser Lokalradio verlauten liess:

«Der Steinbock an und für sich gehört eher ins Bündnerland. Und das wissen wir halt, das hatten wir immer schon als Feedback von den Deutschschweizern. [...] Und von dem her mussten wir hier reagieren, oder wollten reagieren, und hatten eigentlich das Gefühl: ‹Doch, das passt zum Wallis.› Auch mit der ganzen kontroversen Diskussion, die im Wallis über den Wolf herrscht. [...] Wenn man die Deutschschweizer fragt: ‹Welches Tier assoziiert ihr mit dem Wallis?›, dann kommt irgendwann mal der Wolf. Es ist halt so.»[34]

Diese Begründung ist darauf angelegt, Diskussionen zur Gegenüberstellung «Wallis und Restschweiz» auszulösen und deren Verhältnis entlang eingeschliffener Muster zu verhandeln. Die Begründung selbst spielt mit dem Beziehungsmuster der Fremdbestimmung einer Deutschschweizer Mehrheit über eine Walliser Minderheit: Der Wolf wird als Zugeständnis an eine «Üsserschwiizer» Mehrheit gerahmt.[35] In den Kommentarspalten der Online-Berichterstattung und in den sozialen Medien wurde dieses Beziehungsmuster denn auch sehr häufig aufgegriffen und beklagt. Daneben wurden aber auch andere etablierte Erzählungen über das Verhältnis von Wallis und «Üsserschwiiz» ins Spiel gebracht, etwa die finanzielle Abhängigkeit, in diesem Fall jene des Walliser Open Air vom Deutschschweizer Festivalpublikum. Diese hätten als «Wolfsschützer» – so die pauschalisierende Zuschreibung einiger Kommentierenden – wohl nichts gegen das neue Logotier einzuwenden. Ebenso wurde – genau wie dies auch beim physischen Wolf der Fall ist (siehe S. 164–167) – diskutiert, ob der Wolf als Marker von Fortschrittlichkeit gewertet werden könne, ob das neue Logotier also zu zeigen vermöge, dass die Walliser und Walliserinnen keine «Hinterwäldler» seien, was dem Bild vom Wallis in der restlichen Schweiz zugutekommen könnte.

Die Diskussion um den Wolf im Logo des Open Air Gampel mag auf den ersten Blick ein amüsanter Nebenschauplatz sein, der wenig mit den in den Walliser Bergtälern lebenden Wölfen zu tun hat. Bei genauerem Hinsehen wird jedoch exemplarisch deutlich, was zumeist passiert, wenn Wölfe und das Wallis in einen Zusammenhang geraten: Es wird auf etablierte Bilder und Beziehungsmuster zwischen dem Wallis und der restlichen Schweiz zurückgegriffen. So wird einerseits die Präsenz von Wölfen im Wallis – seien es nun Wölfe in Logos oder echte, physische Wölfe – in engem Zusammenhang mit bestehenden sozialräumlichen Beziehungen und für diese etablierten Beziehungsmustern und Eigenheiten diskutiert. Dies trifft auch auf weitere Gegensatzpaare wie Stadt und Berggebiet oder Zentrum und Peripherie zu (siehe S. 155–159). Andererseits erfolgt dadurch umgekehrt auch eine (Neu-)Aushandlung von Räumen, Regionen und Kollektiven und deren Eigenschaften und Identitäten, das heisst, anhand des Wolfs findet auch ein Austausch darüber statt, was «das Wallis» ausmacht und wer «die Walliserinnen und Walliser» sind. Auch hier zeigt die Geschichte um das Gampel-Logo beispielhaft, wie vielschichtig und heterogen die zum Ausdruck gebrachten Walliser Identitäten, Positionen und Sichtweisen in Wahrheit sind.

Als sehr mobile Tiere überschreiten Wölfe zahlreiche Grenzen: politisch-administrative, aber auch damit verbundene konzeptionelle, subjektive oder emotionale Grenzen. Sie stellen dadurch diese Grenzen infrage und bringen uns dazu, die Räume und Kollektive, die durch diese Grenzen bezeichnet werden, neu auszuhandeln. Was sich für die erste Phase der Wolfsrückkehr im Wallis zeigen lässt, gilt aber auch für andere Regionen der Schweiz, in denen später Wölfe auftauchen: Die Präsenz der Grossraubtiere ist ein irritierendes Moment, das bestehende Ordnungen stört und Anlass gibt, Regionen und kollektive Identitäten, soziale und räumliche Beziehungen neu zu denken und sich – in oftmals auch kontroversem Austausch – darüber zu verständigen.[36]

Die Anfänge des Wolfsmanagements in der Schweiz

Um die Jahrtausendwende finden erste Wölfe schliesslich auch den Weg in andere Landesteile.[37] 2001 werden in den Kantonen Tessin (Monte Carasso/Bellinzona) und Graubünden (Bergell) erste Hinweise auf Wolfspräsenz registriert. Wie bei den ersten Wölfen im Wallis handelt es sich dabei ebenfalls, so ergeben die genetischen Analysen, um männliche Tiere. Der Bergeller Wolf wird im Herbst 2001 erlegt, nachdem er mehrere Dutzend Nutztiere gerissen hat und zum Abschuss freigegeben worden war. 2002 wird im Zwischbergental in der Simplonregion erstmals ein Wolfsweibchen auf Schweizer Boden nachgewiesen. Auch in den Kantonen Freiburg, Bern, St. Gallen und Uri gibt es zu Beginn der 2000er-Jahre erste Hinweise auf Wölfe. Der erste Einzelwolf, dessen Schicksal in der Schweiz von längerer Dauer ist, ist der sogenannte «Surselva-Wolf», der ab 2002 mehrere Jahre im Gebiet um Brigels-Waltensburg-Andiast lebt. Die Bildung eines ersten Wolfsrudels sollte aber noch etwas auf sich warten lassen: Erst 2012 reproduzierten sich im Calandagebiet in den Kantonen St. Gallen und Graubünden erstmals auf Schweizer Boden wieder Wölfe (siehe S. 64).

Die Wölfe, die ab Mitte der 1990er-Jahre in die Schweiz zurückkehrten, waren und sind durch ein Zusammenspiel verschiedener rechtlicher Ebenen gesetzlich geschützt. 1981 ratifizierte die Schweiz die Berner Konvention des Europarats über die Erhaltung der europäischen wildlebenden Pflanzen und Tiere und ihrer natürlichen Lebensräume. Praktisch alle europäischen Länder und auch die Europäische Union haben dieses 1979 in Bern verabschiedete Übereinkommen unterzeichnet. Gemäss der Berner Konvention ist der Wolf in Europa streng geschützt.[38] Dieser strenge Schutz gilt in allen Ländern, die beim Beitritt keinerlei Vorbehalte angemeldet haben. Hier dürfen Tiere nicht absichtlich gestört, gefangen oder getötet werden. Eine Entnahme von geschützten Tieren ist als Ausnahme jedoch möglich, um beispielsweise ernste Schäden an Kulturen, Viehbeständen, Wäldern, Fischgründen oder Gewässern zu verhindern. Dies ist aber nur erlaubt, sofern es keine andere befriedigende Lösung gibt und das Überleben der betreffenden Tierpopulation nicht gefährdet ist. Einen strengen Schutz ohne Vorbehalt kennen vor allem Länder, die vor vierzig Jahren noch keine Wölfe hatten. Mehr als zehn Länder, in denen Wölfe stets präsent waren, äusserten hingegen einen Vorbehalt bei der Berner Konvention. Hier geniessen Wölfe einen weniger strengen Schutz.[39]

Die Schweiz ist verpflichtet, die Berner Konvention als internationalen Vertrag einzuhalten. Auf eidgenössischer Ebene wird der Schutz des Wolfs im Bundesgesetz über die Jagd und den Schutz wildlebender Säugetiere und Vögel (kurz: Jagdgesetz) geregelt. Es wurde 1988 zusammen mit einer dazugehörigen Verordnung, die das Gesetz präzisiert, in Kraft gesetzt. Nicht geregelt war in der damaligen Jagdverordnung die Vergütung von durch Wölfe gerissenen Nutztieren. Die Schafhalter, die 1995 in der Region des Grossen St. Bernhards von Wolfsrissen betroffen waren, wurden teilweise noch durch Naturschutzorganisationen entschädigt. Eine staatliche Schadensersatz-Regelung wurde jedoch bald eingeführt: Am 1. August 1996 trat die revidierte Jagdverordnung in Kraft, die festhielt, dass sich der Bund an der Vergütung von Schäden an Nutztierbeständen oder landwirtschaftlichen Kulturen, die durch Wölfe oder Bären angerichtet werden, beteiligt, sofern der betreffende Kanton den Rest übernimmt.[40]

Mit der Regelung von Schadensersatzzahlungen war es jedoch nicht getan. Weitere Massnahmen waren gefragt, um die Konflikte, die durch die Rückkehr von Wölfen in die Schweiz entstanden, zu managen. Das zuständige Bundesamt initiierte daher das «Projet Loup Suisse» (1999–2003), welches sich insbesondere drei Themenkomplexen widmete: Prävention, Information und Monitoring. Koordiniert wurde das Projekt von der KORA (für: Koordinierte Forschungsprojekte zur Erhaltung und zum Management der Raubtiere in der Schweiz), einer damals noch als Verein organisierten Forschungsstelle (siehe S. 68), die fortan auch für die Organisation des Monitorings der Wölfe zuständig war. Der Bereich «Prävention» war dabei besonders zentral. Ziel war es – vorerst in den damals von Wolfspräsenz betroffenen Regionen (Wallis und angrenzende Waadtländer Alpen, Tessin, Bergell) –, verschiedene, andernorts eingesetzte Schutzmassnahmen für den Schweizer Kontext zu testen, zu evaluieren und weiterzuentwickeln. Neben einem ausführlichen Projektbericht[41] gingen daraus auch verschiedene Merkblätter zu einzelnen Schutzmassnahmen hervor, und das Projekt legte erste Grundsteine für eine nationale Koordination des Herdenschutzes und den Aufbau entsprechender Kompetenz- und Beratungsstellen.

Die Revision der Jagdverordnung von 1996 sah ebenfalls vor, dass das zuständige Bundesamt «Managementpläne» für einzelne geschützte Tierarten wie unter anderem den Wolf erstellen sollte, in denen Grundsätze zu Schutz, Abschuss und Fang, zur Verhütung und Ermittlung von Schäden oder zur Entschädigung von Verhütungsmassnahmen geregelt würden. Gemeinsam mit Spezialistinnen und Spezialisten anderer Bundesämter und der Kantone, betroffenen Interessenverbänden (Landwirtschaft, Jagd, Naturschutz), Vertreterinnen und Vertretern der Nachbarländer sowie weiteren Experten und Expertinnen arbeitete das zuständige Bundesamt in dieser «Arbeitsgruppe Grossraubtiere» einen solchen Managementplan aus. Dieser trat 2004 als sogenanntes «Konzept Wolf Schweiz» in Kraft. Das Konzept dient seither den in das Wolfsmanagement involvierten Behörden (allen voran den kantonalen Jagdbehörden) als Vollzugshilfe, das heisst, es konkretisiert die in Gesetzen und Verordnungen festgeschriebenen rechtlichen Bestimmungen und will so eine einheitliche Umsetzung dieser Bestimmungen in der Praxis fördern. Verschiedene Kantone kennen mittlerweile auch kantonale Wolfskonzepte, die sich im Rahmen des nationalen Konzeptes bewegen, jedoch auf die spezifischen kantonalen Gegebenheiten abgestimmt sind und die entsprechenden Zuständigkeiten regeln.[42]

Auf allen drei Ebenen – «Konzept Wolf Schweiz», Jagdverordnung und Jagdgesetz – fanden in den letzten Jahren immer wieder einzelne Anpassungen statt. Verschiedene parlamentarische Vorstösse machten Änderungen in den rechtlichen Bestimmungen nötig, und bei den beiden Revisionen des «Konzepts Wolf Schweiz» 2008 und 2016 wurden auch neue Entwicklungen und Erfahrungen (wie etwa die Bildung von Rudeln) miteinbezogen.[43] In einer relativ frühen Phase hat die Schweiz auch auf Änderungen im internationalen Recht hingewirkt und versucht, den strengen Wolfsschutz im Rahmen der Berner Konvention abzuschwächen. Beim ersten Mal sollte der Schutzstatus von «streng geschützt» auf «geschützt» herabgestuft werden. Nachdem dies vom Ständigen Ausschuss der Berner Konvention 2006 abgelehnt worden war, wollte die Schweiz in Erfüllung der von National- und Ständerat überwiesenen Motion Fournier[44] nachträglich einen Vorbehalt anmelden. Erreicht werden sollte dies durch eine Revision von Artikel 22 der Berner Konvention, sodass Staaten auch nach deren Ratifizierung Vorbehalte für einzelne Tierarten anmelden könnten. Auch dies wurde vom Ständigen Ausschuss der Berner Konvention 2012 abgelehnt. Der zweite von der Motion bei einem solch ablehnenden Beschluss angedachte Schritt, nämlich der Schweizer Austritt aus der Berner Konvention, um ihr im Anschluss mit einem Vorbehalt zum Wolf wieder beizutreten, stiess auf den Widerstand des Bundesrats. Der Bundesrat reichte 2018 jedoch erneut einen Antrag ein, den Schutzstatus des Wolfs in der Berner Konvention herabzusetzen (siehe S. 170f.).[45]

Die ersten Wölfe, die in der Schweiz ankamen, lösten also eine neue Auseinandersetzung mit der historisch gewachsenen Walliser Berglandwirtschaft aus und initiierten damit einen Prozess, bei dem, im Wechsel von Selbst- und Fremdidentifikation, eine Region neu verhandelt und neu gedacht wird. Zudem setzten sie administrative und politische Vorgänge auf eidgenössischer Ebene in Bewegung, die zum Aufbau eines nationalen Wolfsmanagements führten. Die Einzelwölfe im Wallis stellten denn auch nur den Beginn der Wolfsrückkehr dar, welche spätestens mit der Bildung des ersten Wolfsrudels 2012 im Calandagebiet eine neue Dimension erreichte.

Lukas Denzler
Die Wiederansiedlung des Luchses

Für einmal war es ein kleiner Kanton, der den ersten Schritt machte. Vor etwas mehr als 50 Jahren, am 23. April 1971, wurde in Obwalden im eidgenössischen Jagdbanngebiet Huetstock im Grossen Melchtal ein Luchspaar aus den slowakischen Karpaten freigelassen. Ein Jahr zuvor hatte die Kantonsregierung die Bewilligung erteilt, nachdem der Bundesrat bereits im August 1967 das Oberforstinspektorat ermächtigt hatte, «versuchsweise ein bis zwei Paare gesunde, zuchtfähige Luchse in einem geeigneten eidgenössischen Jagdbanngebiet der Alpen auszusetzen, unter Vorbehalt der Zustimmung der zuständigen Kantonsregierung».

Treibende Kraft in Obwalden war Kantonsförster Leo Lienert. Weil sich die Jägerschaft Rotwild wünschte, wollte er im Gegenzug auch den Luchs wieder ansiedeln. Das dafür vorgesehene Luchspaar erreichte die Zentralschweiz via den Zoo Ostrava und den Zoo Basel. Ein zweites Paar, ebenfalls Wildfänge aus den slowakischen Karpaten, wurde ein Jahr später im Kleinschlierental freigelassen. Die Freilassungen markierten den Beginn der offiziellen Wiederansiedlung des Luchses in Westeuropa. Im Bayerischen Wald waren bereits 1970 einige wenige Luchse ausgesetzt worden – jedoch heimlich und ohne amtliche Bewilligung.

In der Schweiz folgten nach Obwalden weitere Ansiedlungen von Luchsen. Zum Teil waren sie offiziell genehmigt. Mehrere Freilassungen erfolgten hingegen inoffiziell, oder man vermutete sie sogar lediglich. Deshalb ist auch unbekannt, wie viele Tiere insgesamt in der Schweiz angesiedelt wurden. Nachgewiesen ist die Freilassung von 16 Luchsen in den Alpen sowie von zehn Luchsen im Jura. Jedenfalls begründeten nur wenige Individuen die helvetische Luchspopulation. Dem Beispiel der Schweiz folgten auch andere Länder wie Deutschland und Österreich.

Anders als beim Wolf, der von selbst zurückkam, half man beim Luchs nach und führte aus den Karpaten stammende Tiere ein. Warum eine aktive Wiederansiedlung? Während Wölfe grosse Strecken zurücklegen und sich so neue Gebiete selbst erschliessen, wandern junge Luchse weniger weit. Weibliche Jungtiere suchen sich ein Revier, das an dasjenige ihrer Mutter angrenzt. Männliche Luchse sind etwas mobiler. Junge Luchse verlassen ihre Mutter nach einem knappen Jahr. Die Abwanderung im zweiten Lebensjahr ist gefährlich. Dabei kommen wie schon im ersten Lebensjahr viele Jungtiere ums Leben. Auch deshalb erfolgt die natürliche Ausbreitung der Luchse relativ langsam.

bb. 9 Freilassung eines Luchses im Tösstal im Jahr 2003.

In den Anfängen war die Wiederansiedlung des Luchses nicht unumstritten. Die Jägerschaft sah im Raubtier einen Konkurrenten. Nach den ersten Freilassungen kam es vereinzelt auch zu Rissen an Nutztieren. Problematisch war sicher, dass nicht alle Wiederansiedlungen offiziell genehmigt waren. Und auch die bewilligten Freilassungen wurden aus heutiger Sicht zu wenig durch eine offene und transparente Kommunikation begleitet, was das Vertrauen nicht sonderlich förderte und teilweise bis heute nachwirkt.

In Teilen der Jägerschaft gibt es auch heute noch Vorbehalte gegenüber dem Luchs. In breiten Kreisen der Bevölkerung ist die Akzeptanz jedoch gross. Die typischen schwarzen Haarpinsel auf den Ohren, der dunkel gefärbte Stummelschwanz und das attraktive Fell verleihen dem Luchs sein charakteristisches Aussehen und wecken Sympathien. Gefährliche Zwischenfälle mit Menschen sind keine dokumentiert.

Luchse legen ein anderes Jagdverhalten als Wölfe an den Tag. Sie pirschen ihre Beute an, überraschen sie und töten sie mit einem gezielten Biss. Wölfe hingegen hetzen ihre Beute. Sie sind gute Läufer und jagen im Rudel. Berüchtigt sind auch Wolfsangriffe, bei denen mehrere Nutztiere auf einmal getötet werden. Es sind solche Erfahrungen der Nutztierhaltenden, die zum unterschiedlichen Image von Wolf und Luchs beitrugen. Im Vergleich zu den Wölfen halten sich die Schäden von Luchsen an Nutztieren in Grenzen. Und sie erhalten auch viel weniger Aufmerksamkeit in den Medien.

Die Ausrottung des Luchses begann vor mehreren Jahrhunderten. Kurt Eiberle trug die Quellen aus dem Alpenraum zusammen und publizierte seine Schlussfolgerungen 1972, also in jenen Jahren, als in Obwalden die ersten Versuche stattfanden, Luchse wieder anzusiedeln. Gemäss seinen Recherchen konnte sich die Art in den Westalpen länger halten als in den Ostalpen. Im Schweizer Mittelland kam der Luchs laut Eiberle bis 1700 vor. In der zweiten Hälfte des 18. Jahrhunderts verschwand er im Jura, den südlichen Voralpen und den östlichen Nordalpen. Etwas später verschwand er auch in den westlichen Nordalpen und den südlichen Alpen. In Graubünden und im Wallis kamen Luchse vereinzelt noch in der zweiten Hälfte des 18. Jahrhunderts vor.

Die Hauptbeute der Luchse sind Rehe und Gämsen. Die starke Dezimierung der Beutetiere ab 1800 verschärfte die Situation zusätzlich. Übergriffe auf Nutztiere wie Ziegen und Schafe führten zu einer noch stärkeren Verfolgung des Luchses. In Europa war der Tiefpunkt des Luchsbestands jedoch erst Mitte des 20. Jahrhunderts erreicht. Kleine Populationen überdauerten in Skandinavien, Osteuropa und auf dem Balkan. Man geht heute von insgesamt etwa 2000 Tieren aus, die überlebt hatten. In letzter Minute gelang es, die Art gesetzlich zu schützen, in der Schweiz beispielsweise 1962 durch die Aufnahme von Luchs und Bär als geschützte Arten in das eidgenössische Jagdgesetz. Die europaweiten Schutzbemühungen zeigen langsam Wirkung, und die Luchsbestände erholten sich. Schätzungen zu Folge leben heute rund 9000 Tiere in Europa (ohne den russischen Teil). Hierzulande dürfte der Luchsbestand laut dem Bundesamt für Umwelt (BAFU) rund 300 Tiere betragen.

Nach den ersten Freilassungen in der Schweiz vermehrten sich die Luchse in einer ersten Phase, obwohl einige Tiere gewildert wurden und nicht alle Wiederansiedlungen erfolgreich waren. Danach folgte eine Stagnation, begleitet auch von illegalen Tötungen, bevor sich in einigen Gebieten, etwa in den westlichen Nordalpen, eine neuerliche Vermehrung einstellte. Um die Jahrtausendwende häuften sich Angriffe auf Nutztiere. Das «Konzept Luchs Schweiz» war die Folge davon. Etwa ein Dutzend Luchse sind seither legal getötet worden. Der Abschuss eines Tiers im Berner Oberland im Juni 2022 war der erste Fall seit 15 Jahren.

Den Sprung in die Nordostschweiz schaffte der Luchs erst 30 Jahre nach der ersten Wiederansiedlung durch eine Umsiedlung. 2001 startete das Projekt LUNO (Luchsumsiedlung Nordostschweiz). Beteiligt waren die Kantone Appenzell Innerrhoden, Appenzell Ausserrhoden, St. Gallen, Thurgau und Zürich sowie das BAFU. Bis 2008 sind insgesamt sieben Luchse aus den westlichen Voralpen und fünf aus dem Jura in die Ostschweiz umgesiedelt worden (fünf Männchen und sieben Weibchen). Mit Tieren aus den zwei verschiedenen Schweizer Luchspopulationen sollten möglichst günstige genetische Voraussetzungen für die neue Population in der Nordostschweiz geschaffen werden. Weitere Ziele waren, die isolierten Luchsvorkommen zu vernetzen und einen Beitrag zum besseren Aufkommen junger Bäumchen im Wald, zur sogenannten Waldverjüngung, zu leisten – weil Luchse vor allem Rehe jagen, die die Triebe junger Bäumchen abfressen und als Nahrungsquelle nutzen. Gleichzeitig sollte aber die herkömmliche Jagd weiterhin möglich sein und die von den Luchsen verursachten Schäden an Nutztieren in engen Grenzen gehalten werden.

Den wichtigsten Entscheid für die Luchsumsiedlung fällte das St. Galler Kantonsparlament. Damit war das Projekt politisch besser legitimiert als die ersten Wiederansiedlungen. Nach zwanzig Jahren sieht es danach aus, dass die Begründung einer neuen Population in der Nordostschweiz geglückt ist und damit eine Lücke im Verbreitungsgebiet des Luchses geschlossen werden konnte. Doch die Luchsbestände bleiben verletzlich. Als problematisch erweist sich, dass nur wenige Tiere die hiesige Population begründeten, die genetische Basis deshalb schmal ist und Inzuchteffekte auftreten. Untersuchungen zeigen, dass das Vorkommen im Jura genetisch etwas breiter abgestützt ist als dasjenige in den Alpen.

Die aktuelle Verbreitung des Luchses in der Schweiz präsentiert sich wie folgt: Der gesamte Jurabogen ist besiedelt. Die Voralpen sind über weite Strecken Luchsgebiet. Auch nach Graubünden und ins Wallis sind Luchse zurückgekehrt, wobei das Vorkommen im Wallis im Vergleich zu den 1980er-Jahren auffällig gering ist. Auf der Alpensüdseite hat sich der Luchs noch nicht permanent angesiedelt. Sorgen bereitet ein Phänomen, das Fachleute als «hohen Turnover» bezeichnen. Es bedeutet, dass die Luchse nicht sehr alt werden, jedenfalls weniger alt, als sie von Natur aus werden könnten. Eine mögliche Erklärung dafür sind die relativ vielen tödlichen Unfälle im Strassenverkehr sowie illegale Tötungen. Das Phänomen wird nicht nur in der Schweiz beobachtet, sondern etwa auch im Bayerischen Wald. Bezüglich der geringen Verbreitung des Luchses im Wallis vermuteten Forschende der Universität Bern vor einigen Jahren Wilderei als wichtige Ursache. Kürzlich machten sie ein System angelegter Fallen publik, das die Luchse daran hindert, von den Waadtländer Alpen ins Wallis vorzustossen.

Gute Luchsbestände verzeichnet der Kanton Solothurn. Vor einigen Jahren ist es gelungen, die Jagdgesellschaften in das kantonale Luchsmonitoring einzubinden. Die kritischen Stimmen sind zwar nicht gänzlich verstummt, doch gewährt der Kanton den Jagdgesellschaften Entschädigungen, wenn Luchse in einem Gebiet nachweislich vorhanden sind, und reduziert zudem den Pachtzins für die Jagdreviere. Auch der Kanton Zürich berücksichtigt die Anwesenheit des Luchses bei der Bewertung der Jagdreviere. Der Kanton St. Gallen sieht ebenfalls Entschädigungen vor, wenn in einem Revier Luchse leben.

Mit der Jagd lassen sich also gangbare Wege finden. Schwieriger hingegen ist es, die Durchlässigkeit der fragmentierten Lebensräume in unserer stark besiedelten und genutzten Landschaft zu verbessern und damit mehr Austausch unter den Schweizer Luchspopulationen zu ermöglichen. Für ein längerfristiges Überleben der Schweizer Luchse ist dies jedoch entscheidend.

ıellen und verwendete Literatur

berle, Kurt: Lebensweise und Bedeutung des Luchses in r Kulturlandschaft. Hamburg/Berlin 1972 / Breitenmo-r, Urs; Breitenmoser-Würsten, Christine: Der Luchs – Ein rossraubtier in der Kulturlandschaft. Wohlen bei Bern 08 / Robin, Klaus; Graf, Roland F.; Schnidrig, Reinhard: ildtiermanagement. Eine Einführung. Bern 2017 / Von x, Manuela et al.: Der Luchs im Jura – unter besonderer rücksichtigung des Solothurner Juras. Separatdruck der itteilungen der Naturforschenden Gesellschaft des Kantons Solothurn, Heft 43/2017 / Heurich, Marco (Hg.): Wolf, Luchs und Bär in der Kulturlandschaft – Konflikte, Chancen, Lösungen im Umgang mit grossen Beutegreifern. Stuttgart 2019 / Stiftung KORA: 50 Jahre Luchs in der Schweiz (KORA Bericht Nr. 99). Muri 2021 / Medienmitteilung der Universität Bern vom 25. Juni 2021: Forschende sehen Wilderei als Grund für die geringe Luchsdichte im Kanton Wallis: URL: https://www.unibe.ch/aktuell/medien/media_relations/medienmitteilungen/2021 (letzter Zugriff: 5.3.2022)

Elisa Frank, Nikolaus Heinzer
Das erste Rudel am Calanda.
Natur- und Kulturräume ordnen

«Die Spekulationen um eine Wolfsfamilie mit Jungen am Calanda haben ein Ende. Zwei in den letzten Tagen beim Amt für Jagd und Fischerei Graubünden unabhängig voneinander gemeldete Beobachtungen von Wolfswelpen bestätigen, dass die seit längerem am Calanda beheimateten Wölfe Nachwuchs bekommen haben. Es ist dies der erste gesicherte Nachweis eines Wolf-Familienrudels in der Schweiz seit der Rückkehr dieses Grossraubtieres in die Schweiz.»[46]

Diese nüchterne Medienmitteilung des Amts für Jagd und Fischerei des Kantons Graubünden verkündet am 6. September 2012 ein historisches Ereignis: Zum ersten Mal seit der Ausrottung von Wölfen in der Schweiz haben sich die Wildtiere hier wieder fortgepflanzt. Obwohl zum damaligen Zeitpunkt in der Schweiz seit gut 15 Jahren regelmässig einzelne Wölfe gesichtet worden sind, ist die Meldung doch eine kleine Sensation. Die Wölfe sind nun definitiv zurück.

Die Nachricht beendet eine monatelange Zeit der Vermutungen und Spekulationen. Und der ökologisch, historisch und gesellschaftlich höchst bedeutsame Nachweis des ersten auf Schweizer Boden geborenen Wolfsnachwuchses nach rund 150 Jahren kommt nicht zufällig zustande. Er ist das Ergebnis intensiver Beobachtungen und Nachforschungen, welche die zuständigen Behörden in den Kantonen Graubünden und St. Gallen spätestens seit dem Auftauchen des Elternpaars in der Region anstellten. Bereits die zuvor aus Italien und Frankreich ins Wallis und ab 2001 auch in weitere Kantone eingewanderten Einzelwölfe waren von den kantonalen Jagdämtern und der vom Bund für das Monitoring, also die Beobachtung und Überwachung von Grossraubtieren beauftragten Stiftung KORA genauestens verfolgt und beobachtet worden. Als sich 2011 im Wallis jedoch ein Wolfspaar bildet und sich die als M30 und F07 genotypisierten Wölfe schliesslich im Gebiet rund um das Calandamassiv niederlassen, steigen das Interesse und die Beobachtungsbemühungen. Und so kommt es im Spätsommer tatsächlich zu Sichtungen und schliesslich zu fotografischen Nachweisen des Wolfsnachwuchses am Calanda.

Die Gegend an der Grenze zwischen den Kantonen Graubünden und St. Gallen scheint wie gemacht zu sein dafür, das erste Schweizer Wolfsrudel zu beherbergen: Stotzige, zerklüftete und dicht bewaldete Hänge säumen wilde Bergtäler wie das Taminatal, das von Bad Ragaz im St. Galler Rheintal über die kleinen Gemeinden Pfäfers, Valens und Vättis bis zum Kunkelspass in Graubünden reicht, oder das Calfeisental, in dem sich grosse und relativ unberührte Wälder ausbreiten. Das Gebiet ist zudem wildreich: Hirsche, Gämsen, Steinböcke und andere Beutetiere leben hier zuhauf. Doch die Wölfe besiedeln am

Calanda keine Wildnis, sondern eine Kulturlandschaft, die von menschlichen Siedlungsgebieten und Nutzungsansprüchen wie Bergtourismus, Forst- und Alpwirtschaft geprägt ist. Auf der südöstlichen Flanke des Calandamassivs senkt sich das Gelände steil zu den linksrheinischen Bündner Dörfern Tamins, Felsberg, Haldenstein und Untervaz ab. Dort reicht das Streifgebiet bis zu den Aussenbezirken der Kantonshauptstadt Chur. Die Angestellten des Bündner Amts für Jagd und Fischerei können aus ihren Büros auf das Wolfsrevier vor den Toren der Stadt blicken.

Wolfsmonitoring: Wölfe überwachen

Aufgrund der Sesshaftigkeit des Calandarudels können die Bündner und St. Galler Behörden, aber auch Artenschutzgruppen und Interessierte die Tiere nun viel gezielter beobachten. Vor allem im Winter eröffnen sich so unter anderem der systematischen Spurensuche, dem sogenannten Tracking, in einem etablierten Revier eines Rudels ganz neue Möglichkeiten. Die Spuren geben Auskunft über Aktivitäten der Wölfe, welche wiederum Anhaltspunkte für die genauere Einschätzung ihrer Verhaltensweise bieten. So werden die nachts und tagsüber frequentierten Aufenthaltsorte der Calandawölfe lokalisiert, regelmässig genutzte Strecken identifiziert oder Wolfsrisse ausfindig gemacht. Anhand von Spuren, die die Tiere auf Strassen hinterlassen, lässt sich etwa ablesen, dass die Wölfe menschliche Infrastruktur nutzen und wie sie auf menschliche Präsenz reagieren. Ein gefundener Riss und dazugehörige Spuren liefern Hinweise, wie die Beutegreifer jagen und wie weit entfernt – oder wie nah – sie dies von menschlichen Siedlungen tun.[47]

Einer, der die erste Rudelbildung in der Schweiz am Calanda besonders nah miterlebte, ist der St. Galler Wildhüter Rolf Wildhaber. Er ist für das St. Galler Oberland zuständig, zu dem auch das Taminatal zählt. Wir treffen ihn an einem schönen Herbsttag in Vättis für ein Gespräch (Abb. 10). Als kantonaler Wildhüter setzt er sich seit dem Auftauchen des Wolfspaars 2011 intensiv mit den Raubtieren auseinander und war einer der Ersten, die Wölfe in der freien Wildbahn in der Schweiz derart lange und genau beobachten konnten. Wildhaber und seine Bündner Kollegen mussten zu Beginn viel über die Wölfe und deren Beobachtung lernen und dabei quasi bei null anfangen. Denn vieles, was über frei lebende Wolfsrudel aus anderen Ländern bekannt ist, stimmt nicht mit dem überein, was sie am

Abb. 10 Der St. Galler Wildhüter Rolf Wildhaber (rechts) – hier im Austausch mit Elisa Frank und Lukas Denzler – kennt die Calandawöl besonders gut.

Abb. 11 Eine Wildtierkamera im Einsatz im Taminatal. An dieser Stelle, direkt an einer Forstwegkreuzung unweit vom Dorf Vättis, gelange bisher die meisten Wolfsnachweise in der ganzen Schweiz.

.bb. 12 Wolfsnachweise im Jahr 2012 auf einer kartografischen Darstellung der KORA.

.bb. 13 Im interaktiven Monitoring Center der KORA kann man Nachweise von Grossraubtieren wie Wolf und Luchs nach unterschiedlichen Kriterien filtern und sich auf einer Karte auf unterschiedliche Weise anzeigen lassen, hier die Dichte der Wolfspräsenz in der Schweiz im Jahr 2016. Deutlich zu sehen sind die Konzentrationen von Wolfsbewegungen im Oberwallis, im Calandagebiet, im Kanton Uri, im Gantrischgebiet und im grenzüberschreitenden Gebiet um das Tessiner Morobbiatal.

.bb. 14 Genetische Wolfsnachweise in der Schweiz in den vergangenen 24 Monaten (Stand: 13.10.2021) auf einer Karte der KORA.

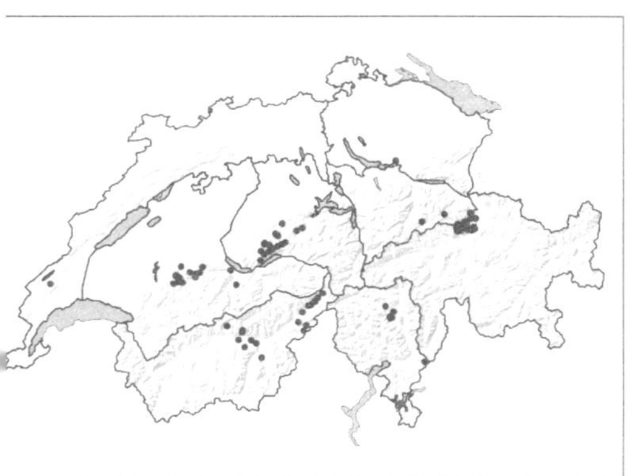

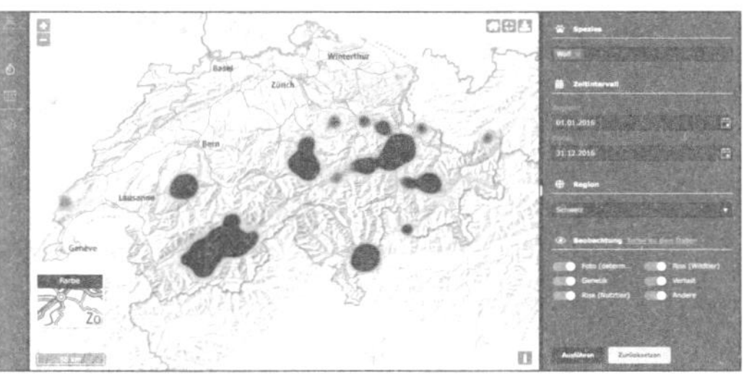

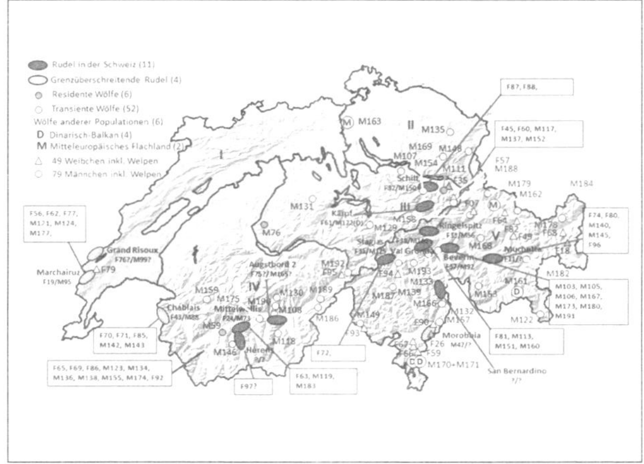

Calandamassiv erleben. So mussten sie im Lauf der ersten Jahre ihre eigenen Erfahrungen machen, um sich Wissen über die Schweizer Wölfe anzueignen. Die dauerhafte Präsenz eines Wolfspaars und seit 2012 einer Wolfsfamilie im Calandagebiet markiert also nicht nur den Beginn einer neuen Ära in der Geschichte der Wolfsrückkehr, sondern auch den Beginn einer neuen Phase des Monitorings von Wölfen in der Schweiz.

Auch die seit dem Auftauchen der ersten Wölfe für die nationale Überwachung der Wolfsbestände zuständige Stiftung KORA[48] muss in enger Zusammenarbeit mit den kantonalen Jagdbehörden viele neue Erfahrungen mit den wiederkehrenden Beutegreifern sammeln und das Monitoring Schritt für Schritt entwickeln. Neben dem Monitoring organisiert die Stelle Forschungsprojekte, die sich mit der Koexistenz von Mensch und Raubtier befassen, und hat die Information von Behörden, betroffenen Kreisen und der breiten Öffentlichkeit zur Aufgabe. Die Stiftung fungiert zudem als Schnittstelle zwischen dem Bundesamt für Umwelt (BAFU) auf nationaler Ebene, den kantonalen Jagd- und Naturämtern und den vom BAFU für wildmedizinische und genetische Analysen beauftragten Laboren in Bern und Genf.

Mit der Zeit spielen sich die Abläufe innerhalb des Monitorings ein: Die zuständigen kantonalen Behörden schicken der KORA in Formularen festgehaltene Beobachtungen, Spurenfunde und Dokumentationen von Wild- und Nutztierrissen. Anhand dieser Rapporte erstellen die Mitarbeitenden der KORA Berichte über Wolfsnachweise und Wolfsereignisse für die ganze Schweiz (Abb. 12/14). Seit Ende 2018 werden diese Informationen auf einer interaktiven Karte im Internet (KORA Monitoring Center[49]) öffentlich zur Verfügung gestellt (Abb. 13). Ebenfalls von den kantonalen Behörden, aber teilweise auch von Vertreterinnen und Vertretern von Naturschutzorganisationen oder Privatpersonen werden der KORA Wolfsproben zugeschickt, welche diese nach bestimmten Kriterien selektiert und zur genetischen Analyse an das Laboratoire de la biologie de la conservation an der Universität Lausanne weiterleitet.

Wölfe im Labor

Die Proben, die in Wolfsgebieten oder an von Wölfen gerissenen Tieren gefunden werden, bestehen meistens aus Kot, Urin oder Speichel, seltener auch aus Haaren. Speichel- und Urinproben werden unter möglichst sterilen Bedingungen mittels Wattetupfer aufgenommen,

Kot wird in etwas Alkohol eingelegt. In kleinen Gläschen werden die Proben per Post an die KORA versandt und von dieser an das Labor weitergeleitet. Im Labor an der Universität Lausanne werden die Proben in einem zweistufigen Verfahren untersucht, um in einem ersten Schritt die Tierart festzustellen sowie in einem zweiten idealerweise das Individuum identifizieren zu können. Genetische Analysen nehmen eine zentrale Rolle im Wolfsmonitoring ein, da sie vergleichsweise sichere und eindeutige Hinweise liefern. Durch sie können alle in der Schweiz nachgewiesenen Wölfe registriert werden. Die Namensgebung der Schweizer Wölfe erfolgt aufgrund der genetischen Analysen. Die Bezeichnungen der Schweizer Wölfe setzen sich aus einem Buchstaben – M (englisch «male») für männliche, F (englisch «female») für weibliche Tiere – und einer Zahl zusammen, welche anzeigt, um den wievielten in der Schweiz genetisch erfassten Wolf es sich handelt. Das als F07 und M30 genotypisierte Alphapärchen des Calandarudels besteht also aus der siebten Wölfin und dem dreissigsten Wolfsrüden, die seit der erneuten Rückkehr der Wölfe in der Schweiz genetisch erfasst wurden.[50]

Immer wieder werden Wölfe Opfer von Verkehrsunfällen, selten auch von Wilderei. In einzelnen Fällen werden verhaltensauffällige oder kranke Tiere von den Behörden auch legal erlegt. Die Wolfskadaver, die gefunden werden, gelangen an das Institut für Fisch- und Wildtiergesundheit der Universität Bern, wo sie einer Reihe von Untersuchungen unterzogen werden. Eine erste morphologische und phänotypische Begutachtung klärt, ob es sich bei dem Tier tatsächlich um einen Wolf und nicht um einen Wolf-Hund-Mischling handelt. Danach werden Röntgenaufnahmen gemacht, welche Brüche oder Bleipartikel sichtbar machen und damit Aufschluss über Schussverletzungen und andere Todesursachen und -umstände sowie Hinweise auf mögliche illegale Aktivitäten liefern. Die anschliessende Obduktion, bei der Organe, Muskel und Gewebe auf Farbe, Geruch und Konsistenz untersucht werden, gibt Auskunft über Ernährung, Gesundheitszustand und Reproduktionsaktivitäten des Tiers. Bei den Untersuchungen werden jedoch auch Normalwerte gemessen und archiviert, um sie im Kontext von mittel- und langfristigen Forschungsprojekten mit anderen Werten zu vergleichen und sich dadurch einen Überblick über den Zustand der Schweizer Wolfspopulation zu verschaffen. Auch bakteriologische, parasitologische und histologische Analysen, bei denen hauchdünne Gewebeproben entnommen werden, sollen Informationen über die körperliche Verfassung und die Besonderheiten des untersuchten Wolfs liefern und Daten für zukünftige Forschungen generieren. Wölfe werden in den Laboren in Bern und Lausanne also durchleuchtet, in ihre Einzelteile zerlegt, in Schichten segmentiert und in Daten und Zahlenabfolgen übersetzt. Wissenschaftlerinnen und Wissenschaftler dringen bis in das tiefste Innere der Tiere vor, um so viele Informationen wie möglich über sie ans Licht zu bringen.

Fotofallen, Jahresberichte, GPS-Sender: Wölfe sichtbar und greifbar machen

Ein wichtiges Mittel des Monitorings, um Wölfe und andere Wildtiere überhaupt erst sichtbar zu machen, sind sogenannte Fotofallenaufnahmen. Diese werden durch selbstauslösende Wildtierkameras aufgenommen, welche in Gebieten platziert werden, in denen Wölfe vermutet werden, etwa entlang von Forststrassen oder bekannten Wildwechseln (Abb. 10/11). Läuft ein Tier – oder auch ein Mensch – an der Kamera vorbei, wird diese durch einen Bewegungssensor ausgelöst, und es wird ein Foto oder ein kurzes Video aufgenommen. Dank Infrarottechnik funktioniert dies auch in der Dämmerung oder bei Nacht, der Zeit, in der Wildtiere oft (jedoch nicht ausschliesslich) aktiv sind. Eine solche Fotofallenaufnahme war auch der eingangs zitierten Medienmitteilung des Amts für Jagd und Fischerei Graubünden über den Nachweis des ersten Wolfsnachwuchses beigefügt (Abb. 15). Die Aufnahme vom 27. August 2012 wurde genau um 10:37:26 Uhr gemacht. Sie zeigt einen tapsigen, langbeinigen Wolfswelpen auf einer steilen, sonnenbeschienenen Waldlichtung. Mit seiner noch überdimensionierten Schnauze schnüffelt er im hohen Gras und scheint die Kamera nicht zu bemerken. Die Aufnahme ist leicht überbelichtet, und der Welpe verschwindet fast am unteren Bildrand. Dennoch ist das Bild ein visueller Nachweis, der die erste Reproduktion von Wölfen in der Schweiz nach deren Ausrottung zweifelsfrei bestätigt.

Solche Fotofallenaufnahmen, die bereits in den Jahren zuvor die Präsenz von Einzelwölfen in der Schweiz belegten, werden auch in den darauffolgenden Jahren immer wieder durch die kantonalen Behörden in Graubünden und St. Gallen im Zusammenhang mit Mitteilungen zum sogenannten Calandarudel publiziert (Abb. 16). Das Amt für Jagd und Fischerei Graubünden veröffentlicht seit 2013 jährlich einen «Jahresbericht Wolf», in dem die Entwicklungen des Calandarudels sowie weitere Wolfsvorkommen im Kanton (darunter zunehmend auch andere Wolfsrudel) dargestellt werden.

bb. 15 Visueller Nachweis des ersten Wolfsnachwuchses in der Schweiz seit der Ausrottung der Raubtiere.

bb. 16 Flüchtige Wesen: ein Wolf und sechs Welpen auf einem Fotofallenbild des Amts für Jagd und Fischerei Graubünden.

Neben Reproduktionsnachweisen enthalten diese Jahresberichte eine Vielzahl weiterer Daten und Fakten über die Wölfe in Graubünden, wie aus der Zusammenfassung zu Beginn des Berichts 2016 hervorgeht:

> «Nach den vier Reproduktionen in den Jahren 2012 bis 2015 zog das Calandarudel im Jahr 2016 erneut sechs Welpen auf. Nach wie vor stammen diese von den beiden Alphawölfen F07/M30. Von den fünf Welpen des Jahrganges 2015 wurde M67 illegal erlegt, M62 wanderte ins Wallis ab und die Wölfin F17 wurde noch bis im Mai 2016 im Calandagebiet nachgewiesen. Das Schicksal der beiden weiteren Jungwölfe M60 und M62 [sic] bleibt ungewiss, 2016 erfolgten von diesen beiden keine DNA Nachweise mehr. Eine deutliche Zunahme verzeichnet die Anzahl Wolfsereignisse im übrigen Kantonsgebiet. Die meisten Ereignisse wurden in der Surselva und in Mittelbünden registriert. Es gab jedoch kaum ein Tal, in dem Wolfsbesuche ausblieben. Das äusserte sich auch in der gegenüber den Vorjahren deutlich höheren Anzahl gerissener Haustiere.»[51]

Der Jahresbericht enthält detaillierte Angaben über einzelne Wölfe aus dem Calandarudel und sogenannte «Wolfsereignisse» auf der gesamten Kantonsfläche. Über Kot, Urin und andere Hinterlassenschaften, die gesammelt und im Lausanner Labor analysiert werden, können einzelne Wölfe individuell identifiziert und über grössere zeitliche und räumliche Abstände verfolgt werden. So können Aufenthaltsorte, Abwanderungen, Nutztierrisse und Todesfälle nachvollzogen, auf Karten sichtbar gemacht und zu zusammengehörigen, linearen Geschichten arrangiert werden. Durch die quasi-biografischen Erzählungen, die so über einzelne Wölfe oder das Calandarudel als Wolfsfamilie entstehen, wird das Verhalten dieser äusserst flüchtigen Wildtiere narrativ geordnet und in verständliche, nachvollziehbare Strukturen übersetzt. Dies führt dazu, dass Wölfe greifbarer werden.[52]

Der Bericht des Amts für Jagd und Fischerei Graubünden 2016 zeigt sowohl die hohe Intensität der Beobachtungsbemühungen als auch die grosse Vielfalt der Monitoringtechniken auf, die neben den Fotofallen zum Einsatz kommen. So werden auch Sichtungen von Privatpersonen, durch Wölfe gerissene Nutztiere sowie genetische Analysen als Informationsquellen genannt, wobei Letztere als besonders wichtig gelten. Im Frühling des vorangegangenen Jahres 2015 war einer der Calandawölfe zudem narkotisiert und mit einem GPS-Sender ausgestattet worden – eine Premiere im Schweizer Wolfsmonitoring. Der GPS-Sender, der in Form eines Halsbandes am Körper des Jungwolfs befestigt worden war, sollte mittels SMS in regelmässigen Abständen Daten über den Aufenthaltsort des Wolfs vermitteln, um dessen Bewegung erfassen zu können. Allerdings ging der Sender bereits nach sieben Tagen zu Bruch und konnte seinen Dienst nicht erfüllen. Erst fünf Jahre später, im Februar 2020, wird der nächste Versuch gestartet und M125, das Vatertier des im Val Medel ansässigen Stagiasrudels, in Siedlungsnähe betäubt und erfolgreich besendert, um die Wege der Wölfe in der mittlerweile dicht von den Raubtieren besiedelten Surselva besser nachvollziehen zu können. Zwei Monate später geschieht dasselbe mit dem Muttertier F38 des Valgrondarudels bei Obersaxen. 2021 wird ein Männchen aus dem Beverinrudel ebenfalls erfolgreich besendert. Anfang 2022 erhält auch eine Jungwölfin im Kanton Glarus, die höchstwahrscheinlich aus dem bekannten Rudel mit dem Streifgebiet Elm-Ennenda-Linthal stammt, ein Senderhalsband. Die Glarner Behörden planen zudem, eines der Elterntiere dieses Rudels zu besendern, um es noch besser beobachten zu können.[53]

All diese Monitoringtechniken produzieren Wissen über die Raubtiere. Dank ihnen können Bestände gezählt, Aufenthaltsorte und Bewegungen nachvollzogen und Verhaltensweisen verstanden werden. Dieses Wissen ermöglicht es den Behörden, Wölfen sehr nah «auf den Pelz» zu rücken, das heisst, sie gründlich zu beobachten und zu überwachen und ihre Aktivitäten genau zu verfolgen. Das durch das Wolfsmonitoring geschaffene Wissen wird selbstverständlich nicht zum reinen Selbstzweck gesammelt, sondern bildet eine zentrale Grundlage für den Umgang mit Wölfen durch das sogenannte «Wolfsmanagement».[54] Denn um etwas zu kontrollieren, muss man es kennen und so viele Informationen wie möglich zur Verfügung haben. Dies beschreibt der französische Soziologe Michel Foucault mit seinem Konzept der «positiven Machttechnologie». Mit diesem Begriff bezeichnet Foucault Techniken und Vorgehensweisen, mittels derer Staaten möglichst viel Wissen über Subjekte sammeln, um diese auf der Grundlage dieses Wissens zu regieren.[55] Genau dies lässt sich auf Wölfe in der Schweiz übertragen: Das Wolfsmonitoring webt ein engmaschiges Wissensnetz um die flüchtigen Tiere, wodurch diese überhaupt erst sichtbar und greifbar werden. Auf diese Weise entsteht ein regelrechter Informationsapparat, welcher es den Behörden erst ermöglicht, Wölfe zu managen.

Wolfsmanagement: Wölfe administrieren

Der Umgang der Behörden mit Wölfen geschieht innerhalb eines komplexen administrativen Gefüges, das von der internationalen bis auf die lokale Ebene reicht und das im Lauf der Rückkehr der Raubtiere in die Schweiz seit den 1990er-Jahren ausgebaut und immer wieder angepasst wurde. Das Wolfsmanagement in der Schweiz beruht auf einem internationalen Artenschutzabkommen, der sogenannten «Berner Konvention», und auf nationaler Gesetzgebung, wobei hier vor allem das Bundesgesetz über die Jagd und den Schutz wildlebender Säugetiere und Vögel (Jagdgesetz) und die dazugehörige Verordnung eine wichtige Rolle spielen (siehe S. 52). Die Umsetzung des Wolfsmanagements wird auf nationaler Ebene durch das «Konzept Wolf Schweiz» geregelt und unter der Aufsicht des BAFU durch die zuständigen kantonalen Jagdbehörden und die vom Bund beauftragten Institutionen vollzogen.

Der Umgang mit den Wölfen bewegt sich immer zwischen dem Schutz der international als «streng geschützt» kategorisierten Raubtiere einerseits und dem Schutz menschlicher Interessen, Bedürfnisse und Lebensgrundlagen andererseits. Entsprechend gehört also auch die Wahrung der Sicherheit sowohl von Wölfen als auch von Menschen und Nutztieren zu den Aufgaben, die dem Wolfsmanagement obliegen. Die kantonalen Behörden überwachen, dass Wölfe nicht gewildert werden, und leiten, wenn dies doch geschieht, entsprechende Untersuchungsverfahren ein. Beginnen Wölfe regelmässig Nutztiere zu reissen oder sich vermehrt Siedlungen oder gar Menschen zu nähern, müssen manchmal die Behörden umgekehrt regulierend eingreifen, das heisst, sie müssen diese als problematisch eingestuften Wölfe vergrämen, also verscheuchen, oder sogar töten.

Im Vergleich zum Management von anderen Wildtieren wie Hirschen, Wildschweinen oder Steinböcken ist das Wolfsmanagement stärker durch den nach wie vor geltenden starken gesetzlichen Schutz der Spezies geprägt. Massnahmen, welche die Wolfsbestände aktiv regulieren, werden erst seit wenigen Jahren diskutiert und in Erwägung gezogen (siehe S. 109–111, 144–146); das Management konzentrierte sich bisher stark auf Eingriffe und Vergütungen nach erfolgten Schäden. Wichtige präventive Aufgaben des staatlichen Wolfsmanagements sind das Monitoring, die (Weiter-)Entwicklung, Planung und finanzielle Unterstützung von Herdenschutzmassnahmen (siehe S. 121–124), der Abschuss von Wölfen mit problematischem Verhalten sowie die Kommunikation mit der lokalen Bevölkerung und der breiten Öffentlichkeit.

Bundesgesetz, Naturschutz und lokale Gemeinschaft: Konfliktlinien

Die Mitarbeitenden der kantonalen Behörden geraten oft in Situationen, in denen die geltenden gesetzlichen Grundlagen und Vorgaben, denen sie verpflichtet sind, in Widerspruch zu öffentlich artikulierten Meinungen stehen oder mit den Interessen der lokalen Bevölkerung in Konflikt geraten. Die im Wolfsmanagement tätigen Personen und Behörden finden sich daher meist in Zwischenpositionen wieder und sehen sich mit unterschiedlichsten Erwartungshaltungen und Vorstellungen konfrontiert, die oft schwierig miteinander zu vereinbaren sind. Dies trifft auf Personen in öffentlichen Funktionen wie etwa die kantonalen oder nationalen Amtsleiter und -leiterinnen, aber besonders auch auf Wildhüterinnen und Wildhüter zu. Diese wohnen zudem meist selbst in den Gebieten, in denen Wölfe vorkommen, und haben direkt mit den Menschen zu tun, die von Wolfsrissen und anderen Problemen unmittelbar betroffen und dem Schutz von Wölfen gegenüber kritisch eingestellt sind.

Rolf Wildhaber berichtet im Gespräch, wie emotional Menschen im Taminatal reagierten, als die Wölfe im Jahr 2014 vermehrt in den Dörfern auftauchten.[56] Die klare Botschaft an ihn und seine Behörde lautete: Ihr müsst handeln und die Wölfe aus den Siedlungen vertreiben. Sogar Bundesrätin Doris Leuthard wollte aus erster Hand erfahren, wie die Situation aus Sicht der Wildhut einzuschätzen sei, und lud Wildhaber in die Bundeshauptstadt ein. Auch dort wurde deutlich: Bern will keine Wölfe in den Dörfern. Gleichzeitig wurde Wildhaber von anderen Personen für seine Arbeit kritisiert. Insbesondere die Befürwortung und Durchführung regulierender Eingriffe bei auffälligen Wölfen führte teilweise zu missbilligenden Medienberichten.

Ein weiteres Erlebnis, von dem Wildhaber im Interview erzählt, macht besonders deutlich, wie gross der Druck der öffentlich-medialen Beobachtung ist, der auf ihm und seinen Kolleginnen und Kollegen lastet: Eines Nachts muss er einen schwer verletzten Wolf von seinem Leiden erlösen. Der sogenannte Hegeabschuss, also der Abschuss eines nicht überlebensfähigen Wildtiers, zu dem die Wildhut gesetzlich verpflichtet ist, findet um zwölf Uhr nachts statt. Noch in derselben Nacht fährt Wildhaber den Kadaver in die Bundeshauptstadt, wo dieser morgens um acht Uhr am Institut für Fisch- und Wildtiergesundheit der Universität Bern untersucht wird. Das Ergebnis der pathologischen Untersuchung bestätigt Wildhabers Einschätzung: Der Wolf konnte wegen seiner Verletzungen nicht mehr jagen und wäre in absehbarer Zeit verhungert. Um 11 Uhr veröffentlicht das St. Galler Amt für Jagd, Natur und Fischerei eine Medienmitteilung, um die Sachlage zu erklären, «einfach, damit gar nicht erst irgendwelche Gerüchte entstehen können», wie Wildhaber erklärt.[57] Doch als der Wildhüter nach Hause kommt, finden sich bereits Nachrichten von Menschen aus der ganzen Schweiz in seinem E-Mail-Postfach, die ihm den Abschuss des verletzten Tiers übelnehmen. Obwohl Wildhaber, der früher Grenzwächter war, mit solchen Dingen umgehen kann, zeigt dieser Fall das Ausmass der Politisierung des Themas.

Angesichts der konfliktiven Interessenlage und der hitzigen gesellschaftlichen Diskussionen, die durch die Wolfsrückkehr ausgelöst werden, findet das Wolfsmanagement also in einem emotional stark aufgeladenen Kontext statt. Während die Wolfsrückkehr von einem grossen Anteil der Bevölkerung als eine ökologische Erfolgsgeschichte angesehen wird, die es mit allen Mitteln zu unterstützen gilt, stellen die Wölfe für andere Interessengruppen in erster Linie eine Bedrohung für bestehende (alpine) Wirtschaftsformen und Lebenswelten dar, die dringlichst kontrolliert werden muss und nach Möglichkeit abgewendet werden soll. Das Wolfsmanagement muss sich daher von Anbeginn an nicht nur mit Wölfen und der Frage nach einer möglichen Koexistenz von Raubtieren, Nutztieren und Menschen in der Schweiz befassen, sondern immer auch zwischen verschiedenen, teilweise entgegengesetzten Ansichten, Interessen und Positionen vermitteln. Der bereits zitierte Jahresbericht Wolf 2016 des Amts für Jagd und Fischerei Graubünden gibt exemplarisch Hinweise auf den grossen Aufwand, den die für das Wolfsmanagement zuständigen Behörden zum Zweck der Kommunikation mit verschiedenen Interessengruppen, Staatsorganen und der Öffentlichkeit betreiben müssen. So schliesst die Zusammenfassung des Jahresberichts mit der Erwähnung eines juristischen Prozesses, in welchem die Umwelt- und Naturschutzorganisation WWF das Amt anklagte, eine Abschussbewilligung voreilig erteilt zu haben, und der Einschätzung des Betreuungsaufwands des Dossiers Wolf:

«Der WWF hat gegen die vom Kanton Graubünden im Dezember 2015 verfügte Abschussbewilligung beim Verwaltungsgericht Beschwerde erhoben. Das Verwaltungsgericht hat die Beschwerde mit dem Hinweis auf fehlende Vergrämungsversuche gutgeheissen. Der Aufwand für die Betreuung des Dossiers Wolf war 2016 etwas geringer als im Vorjahr. Dazu hat vor allem die aufgrund des milden Winters 2015/2016 entspannte Lage im Calandagebiet beigetragen. Einen beträchtlichen Aufwand betreibt das AJF [Amt für Jagd und Fischerei] für die Betreuung und die Orientierung der Öffentlichkeit.»[58]

Doch auch unabhängig von der politischen Brisanz des Themas stellen Wölfe die für sie zuständigen Behörden mit ihrer hohen Mobilität vor vielfältige Aufgaben und Herausforderungen. Denn Wölfe halten sich nicht an menschengemachte Gesetze, Grenzen oder Vorstellungen und scheinen immer dort aufzutauchen, wo man sie nicht erwartet oder wo sie unerwünscht sind. Und trotz allen Bemühungen, sie sichtbar und greifbar zu machen, entziehen sie sich immer wieder den menschlichen Blicken und Kontrollversuchen.

Über Wölfe informieren: komplexe Kommunikation

Eine der grundlegenden und zugleich schwierigsten Aufgaben des Wolfsmanagements ist die Kommunikation sowohl gegenüber der lokalen Bevölkerung als auch gegenüber der breiten Öffentlichkeit, welche beide ein legitimes Interesse an der Darstellung der Sachverhalte haben. Die Fragen, die im Zusammenhang mit Wölfen auftauchen, scheinen auf den ersten Blick einfach: Wo wurde ein Wolf gesichtet und wann? Handelte es sich um einen einzelnen Wolf oder um mehrere? Kann die Identität des Tiers genetisch überprüft werden? Wie hat sich der Wolf verhalten? Hat er ein Wild- oder Nutztier gerissen? Hat er sich menschlichem Siedlungsgebiet genähert? Tat er dies bei Nacht oder bei Tag? Stellt er eine Gefahr für Nutztiere oder gar für Menschen dar? Genau hier kommen die Informationen ins Spiel, die durch das Wolfsmonitoring zur Verfügung gestellt werden. Sie sollen Zahlen und Fakten liefern, die als Grundlage für eine klare Kommunikation dienen.

Doch so klar und einfach die Fragen und so eindeutig die zur Verfügung stehenden Informationen auch erscheinen, fast immer sind Wolfsereignisse Bestandteile komplizierter Zusammenhänge. Nicht selten etwa kommt es bei Sichtbeobachtungen vor, dass das gesichtete Tier aufgrund mangelnder fotografischer oder sonstiger Nachweise nicht zweifelsfrei als Wolf identifiziert werden kann. Auch beim Fund von Rissen kann der Wolf nicht immer hundertprozentig als Todesursache bestimmt werden, etwa wenn die genetische Untersuchung von Probematerial kein eindeutiges Ergebnis liefert und somit trotz scheinbar eindeutig wolfstypischem Rissbild ein streunender Hund oder ein anderes Wildtier nicht ausgeschlossen werden kann. Zudem beweist Wolfs-DNA an einem Riss nicht zwingendermassen, dass der Wolf das Tier auch getötet hat. Luca Fumagalli, der am Laboratoire de la biologie de la conservation an der Universität Lausanne für die genetischen Untersuchungen der Wolfsproben in der Schweiz zuständig ist, führt dies aus:

«Ich sage natürlich nie, es war ein Wolf, der das Schaf getötet hat. Ich sage, dass wir in der Probe xy Wolfs-DNA gefunden haben. Aber das heisst nicht, dass der Wolf der Täter war. Das ist klar. Und das verstehen die Leute manchmal nicht so. Man muss wirklich genau hinhören, was ich sage. Und mit der Information machen sie dann, was sie wollen.»[59]

Solche komplexen und teilweise ambivalenten Sachverhalte verständlich zu kommunizieren und Erwartungen nach Eindeutigkeit und Transparenz zu erfüllen, ist für die zuständigen Behörden eine grosse Herausforderung. Hinzu kommt, dass die mediale Berichterstattung oft einer Aufmerksamkeitslogik folgt und Sachverhalte möglichst zuspitzt, was in dem komplizierten Kontext der Wolfsthematik problematisch sein kann. Für den Wildhüter Rolf Wildhaber ist dennoch klar: «Wir kommunizieren offen, und zwar das, was wir belegen können. Nicht mehr und nicht weniger.»[60]

Eine klare Kommunikation von Wolfsereignissen wird zusätzlich dadurch erschwert, dass sich Wölfe ihrer Beobachtung immer wieder auf die eine oder andere Weise entziehen. Exemplarisch für die trotz allen Überwachungsbemühungen bestehende Flüchtigkeit der Wölfe sind die Unmengen an Fotofallenaufnahmen, auf denen die Wölfe schlecht oder gar nicht zu erkennen sind. Diese phantombildartigen Aufnahmen zeigen schemenhafte, dunkle und verwischte Gestalten, vielleicht ein paar leuchtende Augen, einen Schatten oder eine Schwanzspitze. Sie machen deutlich, dass bei allem Wissen über Wölfe vieles auch im Dunkeln bleibt. Auch die seit der Bildung des ersten Rudels in der ganzen Schweiz steigende Anzahl von Wölfen macht die genaue Beobachtung nicht einfacher. War es zu Beginn der Wolfsrückkehr rein zahlenmässig noch möglich, die Bewegungen jedes einzelnen Wolfs dicht zu verfolgen, wurde dies durch die wachsenden Wolfsbestände bald unmöglich.

Ein reibungsloser Kommunikationsablauf zum Thema Wolf wird aber auch dadurch erschwert, dass die empfangenen Informationen und Angaben nicht immer unangefochten bleiben. Von verschiedener Seite werden offizielle Daten und deren Interpretation kritisiert und mit alternativen Einschätzungen konfrontiert. Wenn es darum geht, wie das natürliche Verhalten von Wölfen definiert werden soll und welche Verhaltensweisen als problematisch einzustufen sind, formulieren etwa Exponentinnen und Exponenten des Naturschutzes

Ansichten, die von den Positionen des staatlichen Wolfsmanagements abweichen (siehe S. 90–104). Und Rolf Wildhaber erzählt, dass vor allem aus der Landwirtschaft oft der Vorwurf käme, dass das Amt Informationen zurückhalte – Vorwürfe, die der Wildhüter mit Verweis auf die von den Behörden befolgte kommunikative Transparenz zurückweist. Auch bestimmte Erzählungen, wie etwa diejenige über einen Südtiroler Kuhhirten, welcher auf einer Alp am Calanda arbeitete, als das Wolfspaar dort auftauchte, und dem fälschlicherweise nachgesagt wurde, er sei Biologe und habe aus seinem Auto zwei Wölfe freigelassen, halten sich über Jahre, erzählt Wildhaber. Solche Narrative bleiben trotz eindeutiger Widerlegung oft sehr wirkmächtig (siehe S. 33f.). Ein weiterer Ort, an dem Gegenstimmen oft laut werden, sind Informationsanlässe. An diesen von den Behörden meist für die einheimische Bevölkerung ausgerichteten Veranstaltungen tauchen immer wieder Wolfsgegner und -gegnerinnen sowie Wolfsbefürworter und -befürworterinnen aus der ganzen Schweiz auf, um ihren politisch geprägten Anliegen Gehör zu verschaffen. Auch wenn es sich meist um wenige einzelne Personen handelt, welche die Stimmung in diesen Situationen bewusst anheizen, ist es in einer solchen Atmosphäre schwierig, Informationen wertneutral zu kommunizieren.

Geht es nach Rolf Wildhaber und seinen Erfahrungen nach etwa zehn Jahren Wolfspräsenz im Calandagebiet, scheint die Zeit jedoch einen positiven Effekt auf die lokale Akzeptanz gegenüber den Informationen der Behörden zu haben. Nachdem in seinem Bezirk vor allem zu Beginn zum Beispiel immer wieder Gerüchte über eine ständig steigende Zahl von Wölfen die Runde gemacht hatten, konnte er diese mit offenen und transparenten Angaben immer mehr entkräften. In Gebieten, wo sich Wölfe erst später ansiedelten, fange dieser Prozess entsprechend zeitversetzt an. Ganz an den Wolf gewöhnen würden sich die Leute jedoch nicht, so der Wildhüter: «Normal wird das nie werden. Aber es ist nicht mehr das Hauptthema.»[61]

Ein Streitpunkt, der schweizweit nach wie vor immer wieder für Diskussionen sorgt, ist das Thema der sogenannten Hybriden. In wolfskritischen Kreisen werden regelmässig Stimmen laut, die auf der Grundlage morphologischer Beobachtungen den Verdacht äussern, dass es sich bei den Wölfen in der Schweiz zumindest teilweise um Hybriden, also Abkommen von sich kreuzenden Wölfen und Hunden handle. Da es in Italien erwiesenermassen zu Hybridisierungen zwischen Wölfen und streunenden Hunden kam, besteht grundsätzlich die Möglichkeit, dass solche Hybriden auch in die Schweiz einwandern. Diese Wolf-Hund-Mischlinge sind durch internationale und

Wildtierkameras sind ein wichtiges Mittel, um Wölfe und andere Wildtiere überhaupt erst sichtbar zu machen. Nicht immer entstehen dabei eindeutige Aufnahmen, und vieles bleibt im Dunkeln. Auf vielen Fotofallenbildern sind Wölfe nur schemenhaft zu sehen. Eine Auswahl solcher «Phantombilder» zeigt, wie flüchtig und unkontrollierbar die Raubtiere trotz der intensiven Beobachtung durch Menschen bleiben.

Ambush
2/1/2014 1:14 AM

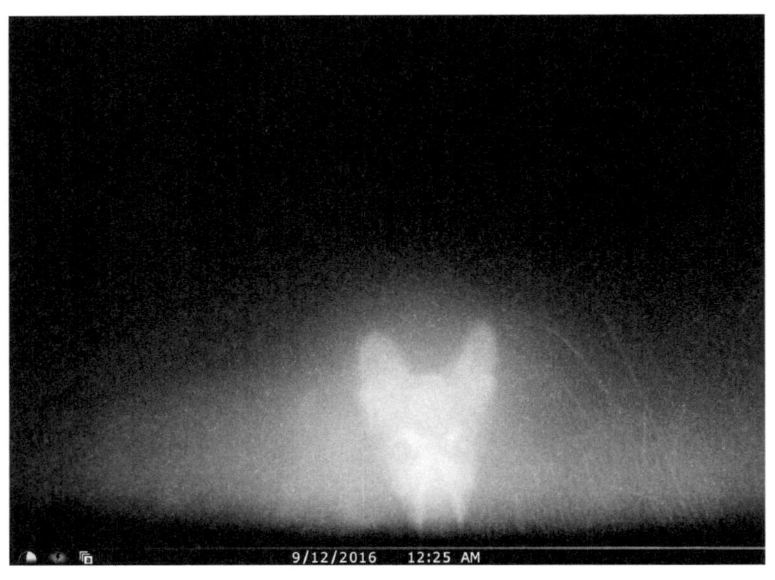
9/12/2016 12:25 AM

DOERR SNAPSHOT
06.07.2014 02:24:31
10
008°C 046°F
9

12/10/2013 7:43 PM

12/10/2013 7:43 PM

6/02/2009 5:24 PM

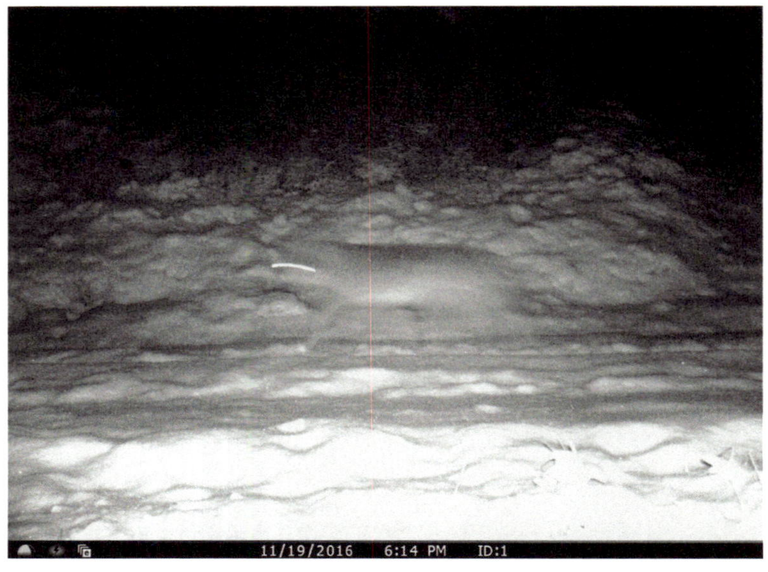
11/19/2016 6:14 PM ID:1

9/19/2016 3:30 AM

10/5/2016 6:57 PM

Ltl Acorn
050°F
010°C
10/01/2016 10:23:54

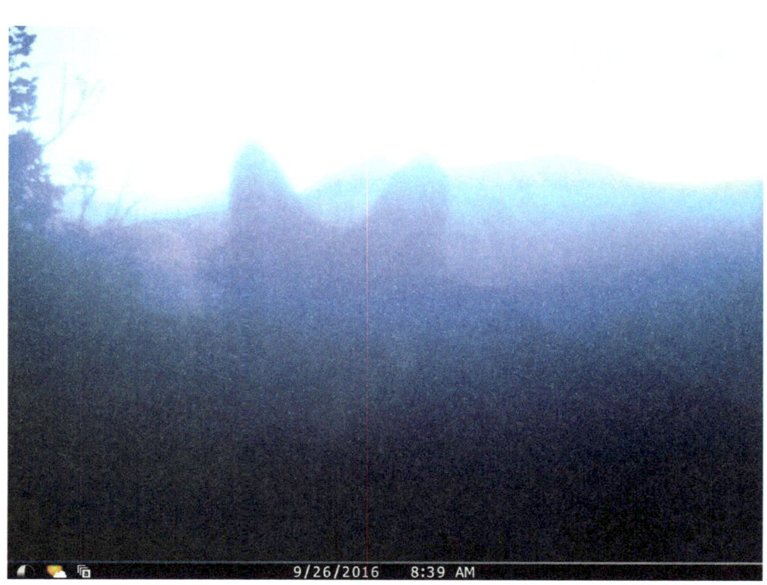

9/26/2016 8:39 AM

nationale Gesetze nicht geschützt, sondern werden im Gegenteil als Bedrohung für die genetische Reinheit der wildlebenden Wölfe und aufgrund ihrer mangelnden Scheu als potenzielle Gefahr für Menschen gesehen. Sie sind daher unerwünscht. Eine 2019 publizierte Studie hält fest, dass in den genetischen Proben aus der Schweiz keine Wolf-Hund-Hybriden der ersten Generation nachgewiesen werden konnten. Lediglich in zwei Fällen ergab die Studie, dass es sich um Tiere der ersten oder zweiten Rückkreuzungsgeneration handelte. Beide Individuen hatten sich während ihrer Zeit in der Schweiz aber nicht fortgepflanzt. Die Verdachte auf Hybridisierung wurden und werden laufend durch das genetische Monitoring überwacht und sind bis Ende 2021 bis auf die zwei erwähnten Ausnahmen widerlegt worden. Dennoch stellen solche Verdachtsäusserungen als wiederkehrende, konstante Kritik einen widerständigen Gegenentwurf zum offiziellen Standpunkt dar.[62]

Ende Januar 2022 wurde im Wallis dann tatsächlich ein auffallend dunkel gefärbter Wolf aufgrund der starken Vermutung der Walliser Behörden und des Bundes sowie der Fachleute der KORA, es könnte sich um einen Hybriden handeln, durch die Wildhut erlegt. Medizinische und genetische Untersuchungen zeigten jedoch, dass es sich auch hier um einen genetisch reinen Wolf handelte. Eine wichtige Erkenntnis aus diesem Fall sei, so die Dienststelle für Jagd, Natur und Fischerei des Kantons Wallis in der dazu herausgegebenen Medienmitteilung, dass Wölfe der italienischen Population morphologisch stärker variieren können als bisher angenommen. Wenige Wochen später wurde im Kanton Graubünden ein zweites Tier, dies nun ein auffallend hell gefärbtes, wegen Verdacht auf Hybridisierung von den Behörden erlegt. In diesem Fall bestätigte die genetische Untersuchung, dass es sich um einen Nachkommen einer Hund-Wolf-Verpaarung aus der zweiten Rückkreuzungsgeneration handelte. Die beiden Abschüsse und die Tatsache, dass in beiden Fällen neben dem üblicherweise verantwortlichen genetischen Labor in Lausanne zusätzlich ein Labor im Ausland beauftragt wurde, machen deutlich, wie gross die Behörden die Sprengkraft einer Hybridisierung einschätzen und wie sehr sie um Transparenz in dieser Angelegenheit bemüht sind.[63]

Akteure aus dem staatlich organisierten Wolfsmanagement sind sich der kommunikativen Herausforderungen, die Wölfe mit sich bringen, bewusst, und sie versuchen daher, aktiv an ihrer Vermittlungstätigkeit zu arbeiten. So lancierte die Stiftung KORA 2019 ein Projekt, in welchem die behördliche Kommunikation beim Auftauchen sogenannter «nicht-scheuer» Wölfe untersucht und optimiert werden soll. Dabei führen Mitarbeitende der KORA Interviews mit Vorstehern kantonaler Jagdbehörden sowie mit Vertreterinnen und Vertretern von Gemeinden und der Wildhut, um zu untersuchen, wie Behörden auf Wolfsereignisse reagieren und auf welche Probleme sie dabei stossen. Daraus erarbeiten sie Faktenblätter zuhanden der kantonalen Behörden mit Anleitungen, wie die Kommunikation mit der lokalen Bevölkerung und der breiten Öffentlichkeit verbessert werden könnte. Die Studie empfiehlt den Behörden eine enge und situativ angepasste kommunikative Begleitung von Wolfsvorfällen und schlägt vor, die Gemeinden stärker zu involvieren, Wildhüterinnen und Wildhüter für die Vermittlung weiterzubilden und die Auswirkungen der Wolfskommunikation auf die lokale Bevölkerung genauer zu untersuchen.[64] Auch der Bund und die Kantone reagieren: In regelmässigen Abständen bietet das BAFU Grossraubtier-spezifische Weiterbildungen für die kantonalen Wildhüterinnen und Wildhüter an und ist bestrebt, den Erfahrungsaustausch zum Thema Wolf zwischen den Kantonen aufrechtzuhalten. Das Amt für Jagd und Fischerei Graubünden schuf 2021 eine neue vollamtliche Stelle für Grossraubtiere, um dem steigenden Bearbeitungs- und Kommunikationsaufwand beizukommen; das St. Galler Amt hegt ähnliche Gedanken.[65]

Machtkämpfe und angefochtene Deutungshoheiten

Dass offizielle Angaben und Daten der zuständigen Behörden von verschiedenen Akteuren und Interessengruppen dennoch in vielen Fällen hinterfragt werden, zeugt davon, dass das Wolfsmanagement ein politisch umkämpftes Feld darstellt, in welchem um Deutungshoheit und Macht gerungen wird. Das heisst, es wird darum gekämpft, wer in der Lage ist, zu bestimmen, welche Informationen als wahr und verbindlich akzeptiert werden und welche nicht. Die Debatten rund um Wölfe in der Schweiz stellen eine besonders konfliktbeladene Kommunikationssituation dar, da sich die unterschiedlichen involvierten Positionen und Parteien teilweise mit Misstrauen gegenüberstehen. Dies hat zur Folge, dass meistens nicht der Inhalt einer Information die wichtigste Rolle spielt. Viel bedeutender dafür, wie eine Information in einem solchen Kontext aufgenommen wird, sind Absendende und Rezipierende der Information beziehungsweise das Verhältnis, in dem sich die beiden zueinander befinden. Nicht nur die jeweilige Einstellung gegenüber der Wolfsrückkehr, sondern auch die Wahrnehmung, sich in einer mächtigen oder in einer unterlegenen Position gegenüber anderen Akteuren zu befinden, beeinflussen, wie Inhalte wahrgenommen werden, die von anderen kommuniziert werden.[66]

Vielfach zweifeln Akteure die Objektivität des Gegenübers an und kritisieren, dass die von diesem verbreiteten Informationen an bestimmte politische Ziele und Agenden gebunden seien. Dies gilt auch für die auf Monitoringdaten und wildbiologische Studien aufbauenden Informationen, die durch die Behörden kommuniziert werden. Auch diese werden etwa von wolfskritischen Interessengruppen als durch eine bestimmte politische Haltung beeinflusste Machtausübung gesehen, durch welche die umstrittene Wolfspräsenz in der Schweiz legitimiert und durchgesetzt werden soll. Vertreter und Vertreterinnen von Naturschutzorganisationen hingegen kritisieren die offiziellen Interpretationen von Wolfsinformationen und die daraus resultierenden Regulierungsmassnahmen des staatlichen Wolfsmanagements teilweise als zu restriktiv und als zu sehr auf den Abschuss von Wildtieren ausgerichtet. Umgekehrt werden Informationen, Ansichten und Darstellungsweisen von sogenannten Wolfsgegnerinnen und -gegnern vonseiten sogenannter Wolfsbefürworterinnen und -befürwortern, aber auch von den Behörden oft als wissenschaftlich nicht haltbar und stark politisch gefärbt charakterisiert und dementsprechend weniger ernst genommen. Standpunkte und Forderungen von Personen, welche die Präsenz von Wölfen in der Schweiz befürworten, werden von Personen, die dieser Präsenz gegenüber kritisch eingestellt sind, wiederum meist als romantische Naturschwärmerei abgetan und von den Behörden teilweise als unrealistisch und zu idealistisch eingeschätzt.

Das gegenseitige Misstrauen und die teilweise fehlende Gesprächsbereitschaft unter den involvierten Akteuren und Interessengruppen werden durch die Tatsache verstärkt, dass sich die meisten von ihnen in einer defensiven oder sogar unterdrückten Position gegenüber ihren Gesprächspartnern sehen (siehe S. 33f. und S. 152–159). In alpinen und ländlichen Regionen beheimatete landwirtschaftliche Interessengruppen sehen sich im wirtschaftlichen und politischen System oft generell benachteiligt und an den Rand gedrängt. Die Wolfspolitik, der sie grundsätzlich kritisch gegenüberstehen, und das daran gebundene Wolfsmanagement werden von ihnen als weiterer Akt politischer Bevormundung wahrgenommen, bei dem urbane Interessen den ihren übergeordnet werden. Insbesondere Naturschutzorganisationen wird dabei besonders viel Macht zugeschrieben. Interessengruppen aus dem Umweltschutz selbst hingegen sehen sich und ihre ökologischen Interessen nicht nur in Wolfsfragen in der Defensive. Für sie ist die Natur auf globaler Ebene in Bedrängnis und deren Schutz nur eine Reaktion auf überlegene, als umweltfeindlich wahrgenommene wirtschaftliche Aktivitäten. Ökologische Interessen, obwohl in der Gesellschaft mittlerweile weitverbreitet, sind diesem Verständnis zufolge ökonomischen Interessen nach wie vor weit unterlegen und müssen daher verteidigt werden. Behörden sowohl auf nationaler als auch auf kantonaler Ebene wiederum sehen sich meist im Kreuzfeuer extremer (politischer) Haltungen und Forderungen, zwischen denen sie vermitteln müssen.

Was ist «normales» Wolfsverhalten?

Deutungs- und Machtkämpfe in Bezug auf die Interpretation von wolfsspezifischen Informationen und Angaben treten insbesondere bei qualitativen Fragen auf, also bei Fragen danach, wie das Verhalten von Wölfen beurteilt und die potenzielle Gefahr, die aus gewissen Verhaltensweisen resultiert, eingeschätzt werden soll. Als beispielsweise in den Jahren 2014 und 2015 die Wölfe des Calandarudels vermehrt in Siedlungsnähe oder sogar tagsüber innerhalb von Dörfern gesichtet werden, bricht eine öffentliche Debatte darüber aus, wie dieses Verhalten zu bewerten sei. Christina Steiner, Präsidentin von CHWOLF, einer Schweizer Wolfsschutzorganisation, bringt diese Debatte damals in einem Interview auf den Punkt: «Und da ist es dann eben auch schwierig: Wie legst du das Ganze aus? Und wer bestimmt denn: Ist ein Wolf wirklich gefährlich, oder ist es ganz natürliches Verhalten?»[67]

Solche Auseinandersetzungen betreffen vor allem auffälliges Verhalten von Wölfen, wenn diese etwa Nutztiere reissen oder sich menschlichen Behausungen nähern und dabei anscheinend ihre Scheu vor den Menschen verlieren. Die Uneinigkeiten, wie das Verhalten von Wölfen beurteilt und eingeschätzt werden soll, beginnen jedoch bereits bei der Frage, was «normales», also unauffälliges und unproblematisches Wolfsverhalten überhaupt darstellt. Wölfe gelten gemeinhin als scheue Tiere und entziehen sich in der Tat oft den menschlichen Blicken. Begegnungen zwischen Menschen und Wölfen werden sowohl im Rahmen des offiziellen Wolfsmanagements als auch von Naturschutzorganisationen sowie von wolfskritischen Gruppierungen als seltene, jedoch mögliche Ereignisse kategorisiert. So heisst es beispielsweise im Anhang 5 des «Konzepts Wolf Schweiz»: «Wölfe sind grundsätzlich vorsichtige Tiere, welche zwar Menschen meiden, nicht aber vom Menschen erstellte und belebte Strukturen wie zum Beispiel Siedlungen. Deshalb kann es zu zufälligen Begegnungen zwischen Menschen und Wölfen kommen.»[68] Doch wie sieht ein natürliches, also «vorsichtiges» Verhalten genau aus, und wann wird ein Verhalten «auffällig»? Genau darüber gibt es unterschiedliche Auffassungen.

Eine scheinbar eindeutige Definition von Wolfsverhalten liefert das eben zitierte «Konzept Wolf Schweiz» mit der Tabelle «Kriterien zur Einschätzung der Gefährlichkeit von Einzelereignissen bei Begegnungen von Wolf und Mensch respektive Haushunden und die daraus folgend zu treffenden Massnahmen». Unterschiedlich eingestufte Verhaltensweisen werden dort an spezifischen Kriterien und an ganz konkreten Zahlen festgemacht: an der teilweise metergenau bemessenen Distanz, in der sich Wölfe zu menschlichen Siedlungen aufhalten; an der auf die Stunde genau definierten Tages- oder Nachtzeit des Auftauchens; oder an der Häufigkeit der Sichtungen von Wölfen in bestimmten Räumen und Zeitabschnitten. Aus einer Kombination dieser Angaben wird anschliessend abgeleitet, wie das Verhalten auf einer Skala von «unbedenklich» (grün markiert), «auffällig» (gelb markiert), «unerwünscht» (rot markiert) bis «problematisch» (schwarz markiert) eingestuft wird. Folgendes Verhalten wird beispielsweise als «unbedenklich» eingeordnet: «Wolf taucht ausserhalb der Aktivitätszeit der Menschen (22h abends bis 6h morgens) nahe von Siedlung auf, läuft Siedlung entlang.» Ein Wolf, der «am hellen Tag nahe von Siedlung auf[taucht] (Distanz <50m)», zeigt bereits «auffälliges» Verhalten. Als unerwünschtes, rot markiertes Verhalten gilt: «Wolf nähert sich mehrmals (>2x) an Siedlung an und wird über längere Zeit in der Nähe beobachtet.» Im schwarzen, «problematischen» Bereich bewegt sich ein Wolf, wenn er «sich während der Aktivitätszeit des Menschen in offenem Gelände Menschen an[nähert] und [...] längere Zeit (mehrere Minuten) in dessen Nähe (<50m) [bleibt]».

Wenn es nur nach dieser Tabelle ginge, wäre ein normales, natürliches und unauffällig scheues Wolfsverhalten also anhand von konkreten Zahlen eindeutig von unnatürlichem, auffälligem und daher tendenziell unerwünschtem und potenziell problematischem Verhalten zu unterscheiden. Wölfen und Menschen werden ganz klar voneinander getrennte Räume und Zeiten zugeordnet. Von Wölfen vor allem nächtlich genutzte Räume werden menschlich geprägtem und vor allem tagsüber genutztem Siedlungsgebiet entgegengestellt.

Wie bereits erwähnt, werden solche offiziellen Darstellungen und Einschätzungen allerdings von verschiedenen Seiten hinterfragt, so auch im Falle der 2014 und 2015 auffällig gewordenen Calandawölfe. Während die Bündner und St. Galler Behörden und das Bundesamt für Umwelt damals von «frechem» und «problematischem» Verhalten insbesondere der Jungwölfe sprachen,[69] das ein Eingreifen nötig mache und in medialen Berichterstattungen teilweise als eine potenzielle Gefahr identifiziert wurde,[70] führten Vertreterinnen und Vertreter von Naturschutzorganisationen eine andere Sichtweise ins Feld. Sie kritisierten, dass die Einstufungen, wie sie im «Konzept Wolf Schweiz» vorgenommen werden, teilweise normales Wolfsverhalten unnötig problematisieren und als gefährlich darstellen, obwohl dies gar nicht der Fall sei. Sie erklärten die Verhaltensweisen der Wölfe mit biologischen Erläuterungen und versuchten sie dadurch als normales, nachvollziehbares natürliches Verhalten zu legitimieren. Dass die Calandawölfe etwa im Winter auch tagsüber Siedlungen durchqueren, wurde damit erklärt, dass sie ihren Beutetieren folgten, die aufgrund des Schnees die tieferen Lagen aufsuchten, um dort selbst Futter zu finden. Allgemein und vor allem bei viel Schnee nutzten Wölfe, so die Erklärung, oft menschliche Infrastrukturen wie gepflügte Waldwege und Strassen, um Energie zu sparen.

Auch Rolf Wildhaber erzählt, dass die Calandawölfe in Vättis mehrmals Hirsche mitten durch das Dorf jagten und erlegten (Abb. 17), und bestätigt, dass dies aus wildbiologischer Sicht völlig normal sei. Da die Calandawölfe nicht bejagt werden, haben sie keine Angst vor den Menschen und ihren Siedlungen und folgen ihrer Beute, die sich oft nahe am Dorfrand aufhält und dann manchmal keinen anderen Ausweg als das Dorf hat. Doch wenn die zerfetzten Wolfsrisse «mitten auf der Strasse oder vor der Haustüre» liegen, ist dies für viele Leute irritierend und unangenehm. Das Gefühl der Bedrohung, das Teile der Bevölkerung empfinden, ist letztlich ausschlaggebend für die Prämisse, Wölfe aus den Dörfern fernzuhalten – im Extremfall auch mithilfe von Abschüssen.[71]

Unabhängig von einzelnen Vorfällen versuchen Akteure aus dem Naturschutz jedoch auch auf einer ganz allgemeinen Ebene mit der Vorstellung des scheuen, stets unsichtbaren Wolfs zu brechen und ein anderes Bild des Tiers zu vermitteln. So stellt David Gerke, Präsident der Gruppe Wolf Schweiz, die sich für den Schutz und Erhalt von Wölfen in der Schweiz einsetzt, den Wolf vielmehr als Kulturfolger dar, welcher zwar seine Rückzugsorte brauche und den Menschen grundsätzlich meide, sich aber in einer von Menschen geprägten Kulturlandschaft durchaus zurechtfinde:

«Das heisst, nicht jeder Wolf, der einmal seine Schnauze aus dem Wald herausstreckt, muss geschossen werden. Sondern der bb. 17 In diesem Bach, mitten in Vättis, jagten und erlegten Wölfe eine Hirschkuh.

Wolf nutzt halt Alpweiden und nutzt Maiensässflächen, also offene Landschaften. Eine Grenze, die man ziehen könnte, worüber man zumindest reden muss, ist tatsächlich, ob es in Siedlungen sein muss. Das ist eine Diskussion, die man führen muss, wo ich auch kritisch bin, wo ich auch das Gefühl habe, wenn sich jetzt Wölfe darauf spezialisieren, regelmässig in Siedlungen zu kommen, muss ich sagen, das ist nicht das Ziel. Da müsste man schon reagieren. Aber wenn jetzt mal ein Wolf durch das Dorf läuft, wie es regelmässig vorkommt, ist das auch überhaupt kein Problem. Eben, das Problem würde dann anfangen, wenn er lernt, dass er im Dorf etwas findet, dass das Dorf besser ist als der Wald und er sich eigentlich darauf spezialisiert, Nahrung in der Nähe von Menschen zu finden. Das ist etwas, das muss nicht sein. Das ist für die Akzeptanz vom Wolf nicht gut. Ja, da müsste man reagieren. Aber eben, im Grundsatz: Kulturlandschaften sind für den Wolf nutzbar, und die soll man dem Wolf auch zugestehen. Wenn ein Reh auf dem Feld steht, jammern wir auch nicht, da haben wir Freude, dass wir ein Reh sehen. Und dann steht halt dort mal ein Wolf statt einem Reh, das ist nicht ein Problem.»[72]

Auch Gerke stellt hier die langfristige Gewöhnung von Wölfen an menschliche Umgebungen durchaus als nicht wünschenswert und potenziell problematisch dar. Das punktuelle Auftauchen von Wölfen in Siedlungen bezeichnet er jedoch als «regelmässig vorkomm[endes]» Ereignis. Mit dieser Sichtweise normalisiert und entproblematisiert er also gewisse Verhaltensweisen von Wölfen, die in den offiziellen Richtlinien des staatlichen Wolfsmanagements als problematisches Verhalten eingestuft und entsprechend sanktioniert werden. Mit der Aussage, man solle «dem Wolf auch Kulturlandschaften zugestehen», hinterfragt er zudem die Unterteilung der Landschaft in wilde Naturräume, die den Wölfen zugewiesen sind, und in zivilisierte Kulturräume, die ausschliesslich dem Menschen zustehen.

In den Auseinandersetzungen rund um das Auftauchen von Wölfen in Siedlungen wird deutlich, dass «normales» Verhalten von Wölfen nicht ein gegebener, objektiver Zustand ist, sondern eine kulturell ausgehandelte Kategorie. Dies geht auch aus einer 2016 von der Stiftung KORA veröffentlichten, wildbiologischen Studie hervor, welche die von offizieller Seite als problematisch wahrgenommene Verhaltensänderung der Calandawölfe besser einordnen will. Die Studie untersucht im europäischen Vergleich, wie sich Wölfe, die wie das Calandarudel in der Nähe menschlicher Siedlungen leben, verhalten, um herauszufinden, welches Verhalten «normal» und welches «gefährlich» ist. Wie die Forschenden jedoch schreiben, kann dieser Status nicht alleine aufgrund von biologischen Fakten festgestellt werden. Vielmehr hängt die Frage, was «gefährliches» und vor allem was «normales» Wolfsverhalten sei, mit unterschiedlichen Erwartungshaltungen und Interessen und mit der jeweiligen Perspektive zusammen, aus welcher man den Sachverhalt betrachtet:

«A first difficulty one meets when dealing with the phenomenon of an ‹increasing number of close encounters of humans and wolves› is the proper terminology for describing the presumed change of behaviour or attitudes of the wolves. Terms such as ‹unshy›, ‹bold›, ‹fearless›, or ‹unafraid› imply that a normal wolf is shy and fearful. But this has yet to be understood and demonstrated [...]. Besides – what is a ‹normal› wolf? We consider a normal wolf to be an intelligent animal with a plastic behaviour able to adapt to its (changing or new) environment based on individual learning and group experiences. In so far, learning to integrate into a human dominated world may be rather ‹normal› – though obviously not welcome from the perspective of humans. However, it would appear that much of the public has the expectation of wolves as being elusive, shy residents of distant wilderness. This discrepancy between expectation and experience may explain a lot of the public's reaction.»[73]

Die Frage, was ein «normaler» Wolf sei und wie er sich zu verhalten habe, ist also auch diesen Ausführungen zufolge nicht a priori festgelegt, sondern bleibt eine offene Frage, auf die es unterschiedliche Antworten gibt. Aus ökologischer Sicht ist die Fähigkeit von Wölfen, sich in von Menschen dominierten Landschaften zurechtzufinden, zwar als typisch und «normal» für die schlauen und anpassungsfähigen Tiere anzusehen. Da sie jedoch den in der Gesellschaft weitverbreiteten Vorstellungen von Wölfen als Bewohner einer unberührten, fernen Wildnis widerspricht, sei es verständlich, wenn das Auftauchen der Tiere in der Nähe menschlicher Siedlungen als unnatürlich und potenziell gefährlich wahrgenommen werde.

Während die im offiziellen Wolfsmanagement getroffenen Einschätzungen von Wolfsverhalten von Naturschützerinnen und -schützern, aber teilweise auch von Biologinnen und Biologen also oft als zu rigide und als fälschlicherweise problematisierend beurteilt werden, sehen sich die Behörden auf der anderen Seite dem Vorwurf ausgesetzt, dass das Wolfsmanagement zu sehr auf den Schutz der Wölfe und zu wenig auf den Schutz der Bevölkerung ausgerichtet sei. Aus Sicht der Wolfsgegner und -gegnerinnen gilt es die von Wölfen ausgehende Gefahr so stark wie möglich und idealerweise präventiv einzudämmen und das Wolfsmanagement daher noch stärker auf die Re-

Von Menschen geprägte Kulturräume und von Wildtieren genutzte Naturräume liegen in den Schweizer Alpen oft sehr nah beieinander oder gehen sogar ineinander über. So auch im Gebiet rund um das Calandamassiv, welches das erste Wolfsrudel auf Schweizer Boden nach der Ausrottung der Art beheimatete. Das Wolfsrevier liegt in einer wilden und schroffen Landschaft und gleichzeitig vor den Toren der Bündner Hauptstadt Chur. Bei genauerem Hinsehen wird deutlich, dass die scheinbare Wolfswildnis eine land- und forstwirtschaftlich sowie touristisch genutzte Kulturlandschaft ist.

FULDA

gulierung der Wolfsbestände zu fokussieren. Besonders prominent kommen diese Anliegen in der im Herbst 2020 zur Abstimmung gebrachten Revision des eidgenössischen Jagdgesetzes zur Sprache (siehe S. 146–148).

Vergrämung und Abschuss: Wölfe regulieren und disziplinieren

Als sich 2017 das vierte Schweizer Wolfsrudel im Walliser Val d'Anniviers bildet und das Calandarudel 2018 mit dem Ringelspitzrudel neue Nachbarn bekommt, nimmt die Entwicklung der Wolfsbestände an Fahrt auf. Allein im Jahr 2019 bilden sich fünf neue Wolfsrudel, zwei davon in Graubünden, zwei weitere im Wallis und eines sogar im Jura – das erste Wolfsrudel in diesem Landesteil seit rund 150 Jahren. 2020 kommen ein Rudel im Kanton Glarus und zwei weitere Wolfsfamilien in Graubünden hinzu, wobei die Surselva zum wahren Wolfs-Hotspot avanciert.[74] Mit der zunehmenden Ausbreitung der Wölfe in immer weitere Regionen der Schweiz häufen sich Begegnungen und auch Konflikte zwischen Wölfen, Nutztieren und Menschen und damit die Herausforderungen, diese Begegnungen und Konflikte erfolgreich zu managen. Wenngleich der «Normalzustand» von Wölfen als scheue, unsichtbare Tiere und die klare Unterteilung der Landschaft in Natur- und Kulturräume, wie oben aufgezeigt, durchaus umstritten sind, versuchen die Behörden dennoch, diese klaren Verhältnisse durch ihr Handeln aufrechtzuerhalten oder herzustellen. Wenn Wölfe also menschengemachte Regeln und Grenzen überschreiten, das heisst, wenn sie etwa innerhalb eines bestimmten Zeitraums mehr als eine gewisse Anzahl an Nutztieren reissen oder wenn sie sich nicht an bestimmte Räume halten, die ihnen von Gesetzes wegen zugestanden sind, wird ihr Verhalten als problematisch erklärt. Ein als problematisch deklariertes Verhalten soll anschliessend von den Behörden durch entsprechende Massnahmen sanktioniert und verändert werden.

Solche Massnahmen können beinhalten, einzelne Wölfe, einen Teil des jährlichen Nachwuchses eines Rudels oder im Extremfall ein gesamtes Rudel zu töten. Bevor derart extreme Schritte jedoch unternommen werden, greifen die Behörden meist auf Vergrämungsmassnahmen zurück, mit denen Wölfe verscheucht oder in ihrem Verhalten beeinflusst werden sollen. Vergrämungsmassnahmen, die im Kontext der Nutztierhaltung eingesetzt werden, beinhalten beispielsweise Blinklichter an Zäunen, welche die Wölfe erschrecken und vertreiben sollen, Warnschüsse in die Luft oder Schüsse mit Gummischrot auf die Tiere selbst, wenn diese sich in der Nähe von Nutztieren oder menschlichen Siedlungen aufhalten. In seltenen Fällen werden Wölfe eingefangen und betäubt und mit GPS-Senderhalsbändern ausgestattet (siehe S. 72f.), was neben den Monitoringzwecken auch dazu führen soll, dass die Wölfe das unangenehme Erlebnis mit den Menschen assoziieren und diese und die von ihnen genutzten Räume in Zukunft meiden.

Zeigen solche Vergrämungsmassnahmen jedoch keine Wirkung oder können sie nicht durchgeführt werden, wird auf das Mittel der «letalen Entnahmen», also der Abschüsse zurückgegriffen. Als die Wölfe am Calanda, wie bereits erwähnt, zunehmend in Siedlungsnähe beobachtet wurden und es so schien, als würden sie ihre Scheu allmählich verlieren, stimmte das Bundesamt für Umwelt im Dezember 2015 dem Gesuch der Kantone Graubünden und St. Gallen zur Regulierung von Wölfen des Rudels am Calanda zu.[75] Der WWF erhob nach Bekanntgabe der Abschussbewilligung bei den Verwaltungsgerichten Graubünden und St. Gallen Beschwerde. Beide Gerichte traten auf die Beschwerde ein und gaben dem WWF im Nachhinein in wichtigen Punkten recht. Dennoch wurde die Abschussbewilligung zunächst erteilt. Diese erlaubte den Abschuss von insgesamt zwei Jungwölfen des Calandarudels durch die dafür zuständigen kantonalen Wildhüterinnen und Wildhüter. Ziel des Abschusses war es, «eine Verhaltensänderung der Wölfe am Calanda zu erwirken».[76] Um dieses Ziel zu erreichen, wurde der Abschuss an eine Liste von Auflagen geknüpft:

> «Damit die vorgesehenen Massnahmen die gewünschte Wirkung zeigen, die Tiere also wieder scheuer werden, hat das BAFU zuhanden der Kantone folgende Empfehlungen abgegeben:
>
> – Es sollen nicht zwei Wölfe gleichzeitig geschossen werden, sondern jeweils nur ein Wolf, und zwar dann, wenn die anderen Rudeltiere dabei sind.
>
> – Der Abschuss soll in Siedlungsnähe erfolgen.
>
> – Der Abschuss soll während der Aktivitätszeit der Menschen erfolgen.
>
> – Nachdem ein Wolf abgeschossen wurde, soll das Verhalten des Rudels verstärkt beobachtet und dokumentiert werden.»[77]

Die Auflagen hatten einen deutlich erkennbaren erzieherischen Hintergedanken. So sollte ein Wolf nur tagsüber in Anwesenheit anderer Wölfe aus dem Rudel und in Siedlungsnähe geschossen werden, damit die übrigen Wölfe lernen, dass die Nähe des Menschen gefährlich sei. Die aufgelisteten Punkte setzten in ihrem pädagogischen Ansatz darauf, dass Wölfe lernfähige und soziale Tiere sind, welche ihr Verhalten aufgrund gemachter Erfahrungen schnell anpassen können und ihr Wissen zudem an ihre Rudelmitglieder weitergeben. Der geplante Abschuss der beiden Jungwölfe sollte in diesem Sinne also zum Wohl der überlebenden Wölfe geschehen: Diese sollten auf den rechten Weg gebracht werden und sich ein bestimmtes, als «scheu» betrachtetes Verhalten einprägen, das ihnen auch in Zukunft erlauben würde, in menschlich geprägten Räumen zu leben, ohne den Menschen und ihren Nutztieren jedoch zu nahe zu kommen. Allerdings kam es im bewilligten Zeitraum (Dezember 2015 bis März 2016) zu keinem Abschuss, da sich in der Zeit nie eine Situation ergab, bei der alle vier Bedingungen erfüllt waren und gleichzeitig eine Person von der Wildhut anwesend war.

Gefährliche Wölfe?

Seit der Rückkehr der Wölfe ist es (Stand Frühling 2022) in der Schweiz zu keinen direkten Angriffen von Wölfen auf Menschen gekommen. Insgesamt sind in ganz Europa seit der zweiten Hälfte des 20. Jahrhunderts neun tödliche Wolfsangriffe auf Menschen dokumentiert, wie eine Studie des Norwegischen Instituts für Naturforschung von 2002 zeigt.[78] Die Hauptfaktoren für die Wolfsangriffe sind der Studie zufolge neben der in Europa mittlerweile ausgerotteten Tollwut die Provokation sowie die Fütterung von Wölfen und deren anschliessende Konditionierung auf Menschen als Futterquelle. Die 2021 erschienene Folgestudie, welche die Jahre 2002 bis 2020 abdeckt, betont, dass es wichtig sei, die Entwicklung einer harmlosen und für Wölfe notwendigen Anpassung an menschlich geprägte Landschaften hin zu gefährlichen Verhaltensweisen genau zu beobachten und Vorgehensweisen zu erarbeiten, mit denen eine solche Entwicklung verhindert werden könne. Sie bestätigt aber, dass Angriffe auf Menschen weiterhin äusserst selten sind. So kam es in dieser Zeit in Europa und Nordamerika zu zwölf Wolfsangriffen auf Menschen, bei denen insgesamt zwei Menschen (beide in Nordamerika) getötet wurden.[79]

Einige als problematisch eingestufte Begegnungen zwischen Wölfen und Menschen wurden zwischen 2021 und 2022 in der mittlerweile von mehreren Wolfsrudeln besiedelten Surselva gemeldet. Der Leitrüde des Beverinrudels, welches 2021 bereits für sehr viele Nutztierrisse verantwortlich zeichnete, zeigte im Sommer desselben

Jahres in Anwesenheit einer Hirtin ein aggressives Verhalten gegenüber dem Hirtenhund. Zudem näherten sich mehrere Jungwölfe des Rudels einer Wandergruppe. Das Amt für Jagd und Fischerei Graubünden beantragte aufgrund dieses Verhaltens beim Bundesamt für Umwelt den Abschuss der Hälfte der Jungtiere und des Vatertiers, erhielt Anfang September jedoch nur die Abschussbewilligung für drei Jungwölfe. Die legalen Abschüsse der sogenannten «Problemwölfe» wurden vorgenommen, Anfang Dezember war der dritte Jungwolf erlegt. Nur kurze Zeit später, im Januar 2022, folgte in der oberen Surselva ein Einzelwolf in Siedlungsnähe einer Person in kürzester Distanz und liess sich nur schwer vertreiben. Nach vergeblichen Vergrämungsversuchen handelte der Kanton schnell und konsequent und erlegte den Wolf gestützt auf die polizeiliche Generalklausel, ein Novum in der Schweiz (siehe S. 170).[80]

Diese Abschüsse werden auch von Naturschutzorganisationen akzeptiert und als notwendig anerkannt. Im Fall des Beverinrudels bekräftigte etwa David Gerke von der Gruppe Wolf Schweiz in einem Interview beim Schweizer Radio und Fernsehen, dass das Verhalten dieser Wölfe unerwünscht und nicht tolerierbar sei.[81] Dennoch hielt er fest, dass von diesen Begegnungen keine unmittelbare Gefahr für den Menschen ausgegangen sei. Das aggressive Verhalten des Wolfsrüden gegenüber dem Hirtenhund erklärte er damit, dass Hunde von Wölfen als Eindringlinge in ihre Reviere wahrgenommen würden. Die mangelnde Scheu der Wölfe, welche sich den Touristinnen und Touristen angenähert hatten, führte er auf die Neugier zurück, die Jungtiere in grösserem Ausmass hätten.

Die geringe, aber nicht auszuschliessende Möglichkeit eines Wolfsangriffs auf Menschen spielt jedoch auch unabhängig von Ereignissen wie in der Surselva eine grosse Rolle in der Wolfsdebatte. Die Angst vor dem Wolf ist tief im kulturellen Gedächtnis verankert und spiegelt sich in Mythen, Märchen und Geschichten wider, in denen der Wolf als böse dargestellt wird und als Gefahr für den Menschen auftaucht (Abb. 18). Auch wenn Behörden, Biologinnen und Biologen sowie Naturschutzorganisationen versuchen, diesen Ängsten mit ökologischen und wildbiologischen Erkenntnissen zu begegnen, bleibt die Stimmung in manchen Teilen der Bevölkerung labil. Von besorgten Personen, die – nicht nur am Calanda – in der Nähe von Wolfsgebieten leben, und von politisch aktiven Wolfsgegnerinnen und -gegnern wird die potenzielle Gefahr eines Wolfsangriffs auf Menschen als Damoklesschwert bezeichnet, das über den Köpfen der betroffenen Bevölkerung schwebt.

Abb. 18 Geschichten wie die vom Rotkäppchen und dem bösen Wolf sind auch heute noch in den Köpfen vieler Menschen. Hier Plastikfiguren in einem Wald im Jura – wo es mittlerweile auch wieder Wölfe gibt.

Wölfe schützen und kontrollieren: ein Paradox?

Nicht zuletzt seit der Bildung des ersten Schweizer Wolfsrudels am Calanda und der dynamischen Entwicklung der Wolfsbestände in den letzten Jahren drängt sich in der Schweiz für die Behörden, aber auch in der gesellschaftlichen Debatte immer mehr die Frage auf, ob und wann der Schutz des Wolfs zugunsten des Schutzes anderer Interessen gelockert und zu einem stärker intervenierenden Management übergegangen werden sollte. Viele Mitarbeitende von kantonalen Behörden argumentieren dabei, dass ein aktiver eingreifendes Wolfsmanagement die Akzeptanz der Beutegreifer in der Bevölkerung steigern würde. Für Rolf Wildhaber etwa spricht aufgrund seiner Erfahrungen am Calanda vieles dafür, dass die Wölfe bei einer Bejagung durch den Menschen diesen mehr fürchten und sich in Zukunft scheuer verhalten würden, was wiederum den Wölfen selbst zugutekäme.[82] Auch wenn vonseiten der Naturschutzverbände dieser angenommene positive Effekt der Regulierung auf die Akzeptanz bezweifelt wird und sich die Sorge um eine gesunde und überlebensfähige Population und damit der Gedanke eines starken Schutzes des Raubtiers dort stärker hält, ist in letzter Zeit insgesamt doch eine Tendenz hin zu einem aktiveren Eingreifen des Wolfsmanagements zu erkennen, insbesondere wenn es um Tiere geht, die sich auffällig oder problematisch verhalten.

Bereits heute soll durch verschiedene Eingriffe, zu denen auch Vergrämungs- und Regulierungsmassnahmen gehören, das Verhalten von Wölfen beeinflusst und in eine bestimmte Richtung gelenkt werden. Wölfe zu managen, heisst auch, sie zu disziplinieren. Im Rahmen solcher Massnahmen werden aber nicht nur die Raubtiere normalisiert, erzogen und diszipliniert, sondern es werden damit auch bestimmte menschliche Vorstellungen von Natur- und Kulturräumen und von bestehenden Grenzen zwischen diesen beiden Räumen verfestigt. An den hier beschriebenen Abschussbewilligungen zeigt sich beispielsweise die Vorstellung einer klaren Grenze zwischen Räumen, die von Wölfen genutzt werden dürfen, und solchen, die alleine dem Menschen und seinen Interessen zustehen. Von staatlichen Behörden ausgeführte Regulierungsmassnahmen manifestieren dabei den Versuch der Gesellschaft, Kontrolle über Wölfe und die oft als wild imaginierte Natur auszuüben, welche mit Wölfen assoziiert wird.

Diesem Bestreben nach Kontrolle über wölfische Wildnis steht jedoch auch eine andere Vorstellung von Natur gegenüber, der zufolge Wölfe unabhängig und jenseits der Kontrolle des Menschen existieren sollten. Genau diese Vorstellung spielt vor allem in der gesellschaftlich breit abgestützten Umwelt- und Naturschutzbewegung nach wie vor eine wichtige Rolle, und in ihr formuliert sich eine andere, scheinbar gegensätzliche Forderung an das Wolfsmanagement. In weiten Kreisen der heutigen Gesellschaft und Politik gilt die Rückkehr und Etablierung von Wölfen als äusserst positives und wichtiges ökologisches Ereignis – ein sehr fragiler und bedrohter Erfolg, der zumindest ein punktuelles Hoffnungszeichen für eine ansonsten auf globaler Ebene unter Druck geratene Natur ist. Der Wolf wird dabei zur Ikone des Naturschutzes. In Zeiten, in denen von Menschen bewirkte Umweltprobleme wie Klimawandel oder Massenartensterben und ein breit verankertes Nachhaltigkeitsdenken weltweit zentrale gesellschaftliche Themen und Werte sind, erhalten der Schutz und das Sicherstellen einer gewissen Eigendynamik von Wölfen und der Natur, die mit ihnen assoziiert wird, einen besonders wichtigen Status. Entsprechend gross ist auch in der Schweiz das Interesse daran, Wölfe und ihre Lebensräume vor schädlichen menschlichen Eingriffen zu schützen. Internationale und nationale Gesetze, welche den Wolf als streng geschützte Art einstufen, spiegeln den hohen Stellenwert, den der Schutz der Raubtiere heute hat, wider. Die Tatsache, dass auf europäischer Ebene aktuell über eine Flexibilisierung im Umgang mit Wölfen diskutiert wird (siehe S. 171), zeigt aber auch, dass der strenge Wolfsschutz möglicherweise im Wandel begriffen ist.

Die mit dem Wolfsmanagement beauftragten Behörden müssen also auf gewisse Weise immer mit dem Widerspruch umgehen, dass sie der Ausbreitung von Wölfen in der Schweiz einerseits einen gewissen Rahmen geben, regulierend eingreifen und Konflikte minimieren sollen und Wölfe dabei gleichzeitig als Inbegriff einer auch – oder gerade – von Menschen losgelöst funktionierenden Natur schützen müssen. Das Wolfsmanagement scheint also immer irgendwie mit dem Paradox konfrontiert, Wildnis gleichzeitig bewahren und kontrollieren zu müssen.

Doch ist dies wirklich ein Paradox? Muss Natur frei von jeglichem menschlichen Einfluss sein, um als Wildnis zu gelten? Gibt es heutzutage überhaupt noch Natur, die nicht direkt oder indirekt durch menschliche Einflüsse geprägt ist? Die Antwort zumindest auf die letzte Frage scheint – wiederum mit Blick auf globale klimatische Entwicklungen und den generellen Einfluss auf die Artenvielfalt – eindeutig: Nein. Der Mensch ist omnipräsent, und er hat es geschafft, mit seinen industriellen und wirtschaftlichen Tätigkeiten das Klima des gesamten Planeten nachhaltig zu beeinflussen und zu verändern. Er ist damit zur treibenden ökologischen Kraft geworden. Wissenschaftlerinnen und Wissenschaftler, Politiker und Politikerinnen sprechen daher heute auch vom Zeitalter des Anthropozäns, also dem Zeitalter, in dem der Mensch zum wichtigsten Faktor für das globale Ökosystem geworden ist. Bedeutet dies umgekehrt, dass es gar keine «echte», «wilde» Natur mehr gibt? Auch diese Frage scheint schwer mit Ja zu beantworten. Tiere, Pflanzen, Mikroorganismen scheinen auch weiterhin unabhängig von menschlicher Kontrolle zu leben. Wölfe, Bären, Füchse, Wildschweine und andere Wildtiere, die sich aus eigenem Antrieb neue Lebensräume aneignen und dabei immer wieder menschengemachte Grenzen überschreiten und unterwandern, sind anschauliche Beispiele dafür, wie dynamisch und selbstbestimmt die Natur nach wie vor ist.

Die Antwort auf die Frage nach dem Paradox scheint also irgendwo in der Mitte zu liegen: Wildnis kann heute nicht jenseits von menschlichem Einfluss existieren – dennoch bleibt sie als Idee existent. Vielleicht ist die Rückkehr und Ausbreitung der Wölfe in der Schweiz und das in diesem Kapitel beschriebene Wolfsmanagement eines der besten Beispiele dafür, welch zentrale und zugleich höchst ambivalente Rolle Natur heute in unserer Gesellschaft spielt. Und dafür, dass Menschen und ihre natürliche Umwelt nicht zwei getrennte Sphären darstellen, sondern dass sie eng miteinander verwoben sind. Wölfe und die Natur, die sie verkörpern, können nicht losgelöst von menschlichem Einfluss gedacht werden, weder auf der globalen noch auf der lokalen Ebene, auf der sie beobachtet, registriert, erzogen, diszipliniert und mitunter getötet werden. Gleichzeitig aber zeigen uns die Raubtiere durch ihr Handeln immer wieder auf, wie widerständig, eigenmächtig und letztlich unkontrollierbar Natur ist und bleibt.

Natur- und Kulturräume managen

Wölfe und der gesellschaftliche Umgang mit ihnen führen uns in der Tat vor Augen, dass Natur und Kultur immer gewissermassen «hybrid» sind. In anderen Worten: Natur und Gesellschaft sind und waren schon immer im Dialog miteinander,[83] nicht nur, aber auch im Kontext der Wölfe. Das wird schon deutlich, wenn man sich den Begriff der Kulturlandschaft vor Augen führt, mit dem die natürliche Umwelt in der Schweiz oft bezeichnet wird, in der sich die zurückgekehrten Raubtiere wieder ausbreiten. Bereits in diesem Wort vereinen sich die beiden Extreme, denn Kulturlandschaft beschreibt zwar eine natürliche Umwelt, die jedoch von Menschen geprägt und gestaltet, gepflegt und kultiviert ist: ein zutiefst hybrides Konzept. Wölfe, die schwerlich eindeutig definierten Natur- oder Kulturräumen zuzuordnen sind, unterwandern immer wieder geografische und administrative Grenzen, aber auch Grenzen zwischen imaginierten Räumen wie Wildnis und Zivilisation und fordern uns als Gesellschaft damit heraus, diese Räume und Grenzen zu hinterfragen und neu zu denken. Und wenn sich die grauen Vierbeiner immer wieder zwischen wilden Wäldern und Bergtälern, offenen Alpflächen und menschlichen Siedlungsgebieten hin und her bewegen, spiegelt dies nur wider, wie durchlässig und flexibel die Grenzen zwischen diesen Räumen tatsächlich sind.

Nichtsdestotrotz sind Vorstellungen einer klaren Trennung von Natur und Kultur in der Gesellschaft fest verankert. Bilder von Wölfen in einer weit entfernten, menschenleeren Wildnis oder hinter den Gittern eines Zoogeheges prägen unsere Erwartungen und unseren Umgang mit den Raubtieren, die sich in unserer so stark vom Menschen geprägten Natur ausbreiten. Trotz der Durchlässigkeit von Natur- und Kulturräumen sehen sich die mit dem Wolfsmanagement beauftragten Behörden in ihrem beruflichen Alltag immer wieder vor die Aufgabe gestellt, einen klaren Kurs fahren zu müssen: Es wird von ihnen erwartet, eindeutige Antworten auf scheinbar einfache, in Wirklichkeit jedoch komplizierte Fragen zu haben, eindeutige Grenzen zwischen natürlichem und problematischem Wolfsverhalten zu ziehen, rechtlich abgestützte Entscheide zu fällen und klare, pragmatische Lösungen für komplexe Probleme zu erarbeiten. Neben dem Verhindern von Konflikten zwischen Mensch und Tier und dem Moderieren unterschiedlicher Interessen und Emotionen erweisen sich genau dieses Definieren, Aushandeln und Ordnen von Natur- und Kulturräumen – und von Räumen, die sich irgendwie dazwischen befinden – und das Ziehen sinnvoller Grenzen zwischen diesen Räumen als eine der grössten Herausforderungen, vor die Wölfe das Wolfsmanagement, aber auch die ganze Gesellschaft stellen.

Lukas Denzler

Die Rückkehr des Bären nach hundert Jahren

In den ersten zwei Jahrzehnten des 20. Jahrhunderts wurden im Schweizerischen Nationalpark und im Engadin sowie 1923 im Val Laviruns im Oberengadin noch vereinzelt Bären gesichtet. Zweifelsfrei dokumentiert und allgemein bekannt ist hingegen, dass das letzte Tier in der Schweiz 1904 in S-charl im Unterengadin durch zwei Engadiner Jäger erlegt wurde.

2005, also hundert Jahre später, gelang der erste fotografische Nachweis eines Einwanderers aus Südtirol bei Stabelchod im Schweizerischen Nationalpark. Das Unterengadin scheint also ein besonderes Territorium für Bären zu sein. Bereits bei der Gründung des Schweizerischen Nationalparks 1914 spielte die Idee eines Lebensraums für Bären eine Rolle. Gleichzeitig wurde aber auch befürchtet, dass ein Schutzgebiet seine Wiederausbreitung begünstigen könnte.

Ursus arctos, wie der Braunbär wissenschaftlich genannt wird, hat in Europa auf dem Balkan und in Osteuropa überdauert. Einige wenige Tiere überlebten zudem in Nordspanien, den Pyrenäen, den Abruzzen und im Trentino. Im Alpenraum lebten 1999 nur noch drei oder vier Bären, die sich nicht mehr fortpflanzten. Zur Stärkung dieser letzten Alpenbärenpopulation wurden zwischen 1999 und 2002 im Trentino zehn Bären aus Slowenien freigelassen. Die Umsiedlung war erfolgreich, schon bald stellte sich Nachwuchs ein.

Die wieder erstarkte Population im Trentino bildet seit 2005 den Ausgangspunkt für die Bärenwanderungen in die Schweiz. Die meisten Tiere wanderten bisher via Südtirol in die Schweiz ein. Bis 2021 waren es 15 Tiere. Der Kanton Graubünden hat deshalb am meisten Erfahrungen im Umgang mit Bären gemacht. Allerdings waren nicht alle gut.

Zwei Jahre nach dem ersten Rückkehrer tauchte im Juni 2007 ein nächster Bär auf. Er brach Bienenkästen auf. Dank DNA-Spuren gelang es der Wildhut, den Jungbären zu identifizieren. Es handelte sich um einen jüngeren Bruder des ersten in der Schweiz nachgewiesenen Bären. Über den Flüelapass gelangte er nach Davos und von dort ins Albulatal. Dabei tötete er mehrere Schafe. Weil er sich mehrfach Siedlungen näherte, wurde er am 13. August 2007 im Piz Ela-Massiv eingefangen und mit einem Sender versehen. Auf der Lenzerheide durchstöberte er auf der Suche nach Futter Abfallkübel und Kehrichtsäcke.

Nach einem kurzen Winterschlaf war der Bär ab Ende Februar 2008 wieder unterwegs und unternahm ausgedehnte Wanderungen im Albulatal, auf der Lenzerheide und im Oberhalbstein. Dabei näherte er sich immer wieder Häusern und drang auch in leere bb. 19 Der Bär ist ab und zu wieder im Nationalpark anzutreffen: einer der Rückkehrer im Februar 2017.

Ställe ein. Die Wildhüter versuchten, das Tier zu vergrämen, was immer weniger gelang. Damit wurde das Risiko zu gross. Am 14. April 2008 wurde der Bär von der Wildhut erlegt. Er ist heute im Bündner Naturmuseum in Chur ausgestellt.

Im März 2012 erkundete ein weiterer Bär die Schweiz und konnte schnell besendert werden. Im Unterengadin kollidierte er am 30. April mit einem Zug der Rhätischen Bahn, überlebte den Zusammenstoss jedoch. Danach pendelte das Tier zwischen der Schweiz und Italien, bevor es im Juli im Puschlav auftauchte. Auch dieser Bär näherte sich immer wieder Siedlungen und drang auch in den Keller eines Wochenendhauses ein. Nach einem kurzen Winterschlaf machte er sich erneut auf Nahrungssuche und zeigte immer weniger Scheu. Als zwei Wanderer und ein Mädchen in nur kurzer Distanz auf den Bären trafen, spitzte sich die Situation zu. Die Stimmung im Tal war angespannt. Am 19. März 2013 erlegte ein Wildhüter das Tier.

Doch es gibt auch Bären, die sich fast unbemerkt im Gelände bewegen. Ein Beispiel dafür ist ein Bär, der 2016 via Val Curciusa nach Graubünden einwanderte. Über das Rheinwald, Schams und die Surselva gelangte er weiter in die Zentralschweiz, wo er sich länger im Kanton Uri aufhielt. 2017 wanderte er ins Berner Oberland weiter; 2018 hielt er sich im Wallis auf, 2019 bei Domodossola. Der Bär, 2013 im Trentino geboren, wanderte also, nahezu unbemerkt, weite Strecken durch die Schweizer Alpen bis ins Piemont. 2020 tauchte er im Nationalpark Val Grande zwischen dem Val Vigezzo und dem Lago Maggiore auf. Rund 30 Jahre zuvor hatten dort Diskussionen stattgefunden, Bären wieder anzusiedeln. Nun kam er von selbst – und ohne zu fragen.

Beim Bären gilt noch mehr als beim Wolf: Trifft ein Bär auf einen Menschen, kann es gefährlich werden. Entscheidend ist das richtige Verhalten: stehen bleiben, mit natürlichem Reden auf sich aufmerksam machen, sich langsam zurückziehen und keinesfalls davonrennen. Wobei das einfacher gesagt als getan ist. Beim unerwarteten Anblick eines Bären in der Natur dürfte bei vielen Menschen der Puls rasant hochschnellen. Während das Risiko, von Wölfen angefallen zu werden, von vielen Menschen überschätzt werden dürfte, wird es bei Bären möglicherweise eher unterschätzt. Die Angst vor den agilen Wölfen ist tief im menschlichen Bewusstsein verankert. Der etwas tollpatschig wirkende Bär weckt hingegen bei vielen Menschen Sympathien, und Teddybären sind beliebte Plüschtiere.

Besonders im Unterengadin und im Münstertal, die an Südtirol grenzen, sind die kommunalen Behörden und auch die Bevölkerung sensibilisiert. Ein Pilotprojekt im Münstertal identifizierte Futterquellen für Bären in Siedlungsnähe. Eine wichtige und vor einigen Jahren getroffene Massnahme sind beispielsweise bärensichere Abfalleimer entlang der Strassen. 2020 wurden im Trentino über zwanzig junge Bären geboren. Dennoch ist es in Graubünden eher ruhig geblieben. Im Mai 2021 tauchte im Schweizerischen Nationalpark wieder ein Bär auf. Wenig später verschwand er wieder. Es wird nicht der letzte Bärenbesuch gewesen sein. Die Frage ist vielmehr, ob sich Bären irgendwann auf Schweizer Gebiet auch fortpflanzen werden.

uellen und verwendete Literatur

apt, Simon; Lüps, Peter; Nigg, Heinz; Fivaz, Fabien: elikt oder geordneter Rückzug ins Réduit – Fakten zur usrottungsgeschichte des Braunbären Ursus arctos in er Schweiz (KORA Bericht Nr. 24). Muri 2005 / Zajec, Pea; Zimmermann, Fridolin; Roth, Hans Ulrich; Breitenoser, Urs: Die Rückkehr des Bären in die Schweiz – Potenelle Verbreitung, Einwanderungsrouten und mögliche Konflikte (KORA Bericht Nr. 28). Muri 2005 / Projekt Ursina. Der Bär im rätischen Dreieck: Verschiedene Beiträge, siehe www.ursina.org / Amt für Jagd und Fischerei Kanton Graubünden: Jahresberichte Bär 2005ff. (siehe Website des Amts für Jagd und Fischerei: www.ajf.gr.ch) / Biosfera Val Müstair: Pilotprojekt Bärenprävention – Abfallmanagement und Schadenprävention Bär in der Biosfera Val Müstair – Bericht zur Umsetzung. Tschierv 2012.

Elisa Frank, Nikolaus Heinzer

Mit Wölfen leben?
Koexistenzen verhandeln

Anfang 2022 leben offiziellen Angaben zufolge 16 Rudel und insgesamt etwa 150 Wölfe in der Schweiz.[84] Die letzten bestätigten Nachweise von Wölfen aus dem Calandarudel stammen aus dem Jahr 2020. Auch wenn das Schicksal der beiden Leitwölfe und ihrer letzten Nachkommen nicht ganz geklärt ist, geht man davon aus, dass sich das Rudel spätestens zu diesem Zeitpunkt aufgelöst hat.[85] Neue Wolfsrudel haben sich jedoch in weiten Teilen von Graubünden, im Wallis und anderen alpinen Kantonen, aber auch im Jura niedergelassen. Immer häufiger werden Wolfspaare und Einzelwölfe im Mittelland und auch in der Nähe der urbanen Zentren gesichtet.[86] Die Wölfe sind endgültig in der Schweiz angekommen und kaum mehr wegzudenken. Oder doch? Die erneute Ausrottung von Wölfen ist zwar weder rechtlich zulässig, solange der Wolf auf europäischer Ebene geschützt ist, noch mit vernünftigem Aufwand realisierbar, wenn immer wieder neue Tiere zuwandern. Vor allem aber findet sie im 21. Jahrhundert keine Mehrheit in der Gesellschaft und stellt daher in den politischen Aushandlungen auch für wolfskritische Parteien entsprechend keine ernsthafte Option dar. Dennoch bleibt die Vorstellung einer wolfsfreien Schweiz – oder zumindest wolfsfreier Zonen – vor allem in berglandwirtschaftlichen Kreisen als erstrebenswertes Ideal und wirkmächtiges Bild weiterhin bestehen. Die Frage, unter welchen Bedingungen wir in der Schweiz mit Wölfen zusammenleben können und wie dieses Zusammenleben aussehen könnte, bleibt also weiter offen und beschäftigt uns auch rund 25 Jahre nach der Ankunft der ersten Wölfe.

Das Zauberwort für den von vielen angestrebten Zustand des Mit- oder zumindest Nebeneinanders von Mensch und Wolf lautet «Koexistenz». Darüber jedoch, ob beziehungsweise um welchen Preis eine solche Koexistenz überhaupt möglich ist, gehen die Meinungen auseinander. Während die einen Wölfe als Bedrohung alpiner Kulturlandschaften wahrnehmen, als schädlich für Alpwirtschaft und Viehhaltung und generell als inkompatibel mit einem guten Leben in den Alpen begreifen und daher keinen Platz für sie in der dicht besiedelten Schweiz sehen, ist es für andere eine Frage des Willens, sich als Gesellschaft an die sich ausbreitenden Grossraubtiere anzupassen, sich mit ihnen zu arrangieren und Wege zu finden, Konflikte zu minimieren und die Schäden so gering wie möglich zu halten. Es gibt einige wenige extreme Positionen, welche Wölfe entweder wieder ausgerottet sehen wollen oder aber umgekehrt fordern, dass sich die Raubtiere frei von jeglichem menschlichen Einfluss selbst regulieren sollen. Abgesehen davon drehen sich die gesellschaftlichen und politischen Auseinandersetzungen zwischen den unterschiedlichen Interessengruppen jedoch hauptsächlich darum, welche Managementmöglichkeiten dazu beitragen können, dass Landwirtschaft und Viehhaltung auch in Anwesenheit der Wölfe weiterhin möglich sind, welche Schutzmassnahmen effizient sind und wie viel Aufwand überhaupt dafür betrieben werden soll, ja, wie viel Aufwand eigentlich zumutbar ist.

Aus den emotionalen Diskussionen und heftigen Konflikten, den Fronten und Gräben, die sich zwischen unterschiedlichen Parteien, Positionen, Interessen- und Bevölkerungsgruppen auftun, wird deutlich, dass sich die Idee der Koexistenz nicht nur auf das Zusammenleben von Mensch und Grossraubtier richtet, sondern auch die Frage aufwirft, wie wir in der Schweiz angesichts der Wölfe mit unseren Mitmenschen «koexistieren» wollen. Denn wenn wir über Wölfe diskutieren, diskutieren wir immer auch darüber, wie wir als Gesellschaft funktionieren, wie wir zusammenleben und gemeinsam mit Herausforderungen umgehen. In der Wolfsdebatte werden also verschiedene Koexistenzen verhandelt.

Wenn man genau hinsieht, geht es bei den Auseinandersetzungen um Wölfe auch um ganz allgemeine Themen wie Kontrolle und Sicherheit, um soziopolitische Beziehungen, Selbst- und Fremdbestimmung und kollektive Identitäten. Es geht um den Schweizer Föderalismus oder um die Rolle und Zukunft der Alpen in der Schweiz. Diese vielfältigen und komplexen Aushandlungen, die in den Debatten um Wölfe stattfinden, zeigen wir in diesem Kapitel anhand von zwei aktuellen Beispielen auf. Zum einen widmen wir uns mit dem Herdenschutz einem Thema, das nicht nur die Landwirtschaft, sondern viele weitere Akteure beschäftigt. Der Schutz der Herden gilt als Schlüssel für eine erfolgreiche Koexistenz; die mit der Umsetzung entsprechender Massnahmen verbundenen Herausforderungen sind jedoch vielfältig. Zum anderen besprechen wir die politischen und gesellschaftlichen Prozesse rund um die Revision des eidgenössischen Jagdgesetzes, die zur Volksabstimmung vom 27. September 2020 führten und auch nach der Abstimmung weiter für Diskussionsstoff sorgen. Beides sind Fragekomplexe, die uns als Gesellschaft sehr bewegen und auf die wir nach wie vor Antworten und Lösungen suchen.

Herdenschutz: ein Überblick

Ein wichtiger Bestandteil des Wolfsmanagements ist der Herdenschutz. Herdenschutz bedeutet, Nutztierherden mithilfe verschiedener Massnahmen vor Angriffen durch Wölfe, Luchse, Bären oder wildernde Hunde zu schützen. Dies soll ermöglichen, dass auch in der Anwesenheit von Grossraubtieren in den Alpen Viehwirtschaft betrieben werden kann und somit alpine Traditionen und Kulturlandschaften erhalten werden können. Dies ist ein wichtiger Schritt in Richtung einer möglichen Koexistenz von Menschen, Wölfen und Nutztieren, wie der Blick in andere Regionen zeigt, wo Wölfe immer präsent waren und Herdenschutz seit jeher betrieben wird. In Anbetracht dieser wichtigen Rolle ist der Herdenschutz im offiziellen Wolfsmanagement, genauer im «Konzept Wolf Schweiz»,[87] und seit 2019 in einer eigenen «Vollzugshilfe Herdenschutz»[88] verankert und weitgehend staatlich organisiert. Für die (Weiter-)Entwicklung und Umsetzung des Herdenschutzes sind die kantonalen landwirtschaftlichen Zentren sowie die zentrale landwirtschaftliche Beratungsstelle Agridea in Kooperation mit verschiedenen staatlichen und staatsnahen Organisationen wie etwa dem Verein Herdenschutzhunde Schweiz verantwortlich. Der Bund unterstützt Landwirtinnen und Landwirte bei der Umsetzung von Herdenschutzmassnahmen finanziell und zahlt zusammen mit den Kantonen Entschädigungsprämien für Nutztiere, die von Grossraubtieren getötet werden.

Herdenschutz umfasst verschiedene Elemente, die je nach Kontext unterschiedlich kombiniert und umgesetzt werden (siehe auch S. 31f). Ein wichtiger Bestandteil sind mobile elektrische Zäune, sogenannte Flexinetzzäune. Mit diesen werden die Nutztiere, vor allem Schafe, tagsüber in verschiedenen Weidesektoren und zusätzlich oder alternativ dazu nachts in sogenannten Nachtpferchen eingezäunt. Die stromführenden Zäune sollen in erster Linie verhindern, dass Wölfe oder andere Eindringlinge zu den Nutztieren gelangen und diese reissen. Darüber hinaus halten sie die Herden aber auch als Gruppe zusammen und ermöglichen es den Landwirtinnen und Hirten im sogenannten Umtriebsweidesystem, die Nutztiere auf einer Alp gezielt zu bestimmten Zeiten in bestimmten Gebieten weiden zu lassen und die Weideflächen somit systematisch und kontrolliert zu bewirtschaften.

Ein weiterer Bestandteil des Herdenschutzes ist die ständige Behirtung von Herden, welche jedoch aus finanziellen und infrastrukturellen Gründen nicht immer gewährleistet werden kann. So müssen neben dem Arbeitslohn auch Unterkunft und Verpflegung für das Hirtenpersonal organisiert werden. Hirtinnen und Hirten sind dafür verantwortlich, die Herde täglich zu begleiten, sie in den Nachtpferch oder von einem Weidesektor zum anderen zu treiben, nach verletzten und kranken Tieren Ausschau zu halten und sich allgemein um das Wohlergehen der Herde zu kümmern. Die Präsenz von Menschen bietet den Nutztieren einen weiteren Schutz gegen Raubtiere, und im Fall von Angriffen kann das Hirtenpersonal die Eindringlinge vertreiben und somit Risse verhindern oder zumindest minimieren. Eine ähnliche Aufgabe erfüllen Herdenschutzhunde, welche vermehrt auf Schaf- und anderen Kleinviehalpen eingesetzt werden (siehe Grafik 5, S. 194). Im Gegensatz zu Hütehunden, welche den Hirtinnen und Hirten beim Treiben der Nutztiere helfen, arbeiten Herdenschutzhunde zu einem grossen Teil autonom. Die Hunde werden meist zusammen mit Schafen oder anderem Kleinvieh aufgezogen, sodass sie sich als Teil der Herde fühlen und diese instinktiv beschützen. Auf der Alp begleiten sie die Herde Tag und Nacht und verteidigen sie gegen Eindringlinge.

Um einen besseren Eindruck davon zu vermitteln, wie Herdenschutz in der Praxis aussehen kann, blicken wir im Folgenden auf ein konkretes Beispiel: die Alp Ramuz. Diese Schafalp im Taminatal zwischen Vättis und Kunkels, die im Kerngebiet des Calandawolfsrudels an der Grenze zwischen Graubünden und St. Gallen liegt, war eine der ersten dauerhaft von Wolfspräsenz betroffenen Alpen in der Schweiz und erlangte dadurch eine gewisse Bekanntheit. Die circa 130 Hektaren grosse Alp wird seit 1956 von der Zürcher Kantonalen Schafzuchtgenossenschaft gepachtet und wurde bis 2012 im sogenannten freien Weidegang bestossen.[89] Das bedeutet, dass die rund 400 Schafe im Frühsommer auf die Alp gebracht wurden und sich dort den ganzen Sommer lang frei bewegen konnten, bis sie im Herbst abgealpt wurden und wieder zu ihren Besitzerinnen und Besitzern zurückkehrten. Einzelne Mitglieder der Schafzuchtgenossenschaft machten den Sommer über in regelmässigen Abständen Kontrollgänge, um nach dem Zustand der Schafe zu schauen. Als sich 2011 das Wolfspaar M30 und F07 in unmittelbarer Nähe der Alp niederliess und im Jahr darauf das erste Wolfsrudel auf Schweizer Boden seit der Ausrottung der Raubtiere gründete, musste der Alpbetrieb jedoch umgestellt werden. Nachdem die Alp im Jahr 2012 aufgrund des ersten Wolfsnachwuchses des Calandarudels grosse Schäden verzeichnet hatte, wurde die Herde ab 2013 jedes Jahr von einem Hirten oder einer Hirtin und Herdenschutzhunden begleitet, und es wurde ein Umtriebsweidesystem eingeführt. Die Schafe verbrachten die Nächte nun in einem eingezäunten Nachtpferch neben der Alphütte und wurden tagsüber in eingezäunte, über die Alpsaison hinweg wechselnde Weidesektoren getrieben. Seit der Umstellung kam es bis zum Zeitpunkt der Publikation (Stand Frühling 2022) zu keinen nachgewiesenen Wolfsrissen mehr.[90]

Diese Umstellung geschah jedoch nicht von einem Tag auf den anderen. Aufgrund mangelnder Erfahrungen mit Herdenschutz bei gleichzeitiger Präsenz eines Wolfsrudels in der Schweiz musste das neu eingesetzte Umtriebsweidesystem vom Hirtenpersonal, von den Schafbesitzerinnen und -besitzern und durch Mitarbeitende des WWF Graubünden sowie der Artenschutzorganisation CHWOLF, welche das Projekt mit einem jährlichen Beitrag finanziell unterstützt, zuerst eingeführt und in den ersten Jahren der Umstellung stetig angepasst und weiterentwickelt werden. Ein Besuch auf der Alp Ramuz im August 2016, also mehrere Jahre nach der Einführung des Herdenschutzes, machte deutlich, wie langwierig der Prozess der Umstellung ist und wie komplex und herausfordernd die Umsetzung der Herdenschutzmassnahmen in der Praxis ist.[91]

Auf der Alp Ramuz: ein Feldbericht

Gegen Mittag komme ich an der Dritthütte an und treffe die Hirtin Astrid. Wir unterhalten uns; Astrids Border Collies Nell, Tess und Jimmy sind auch dabei. Astrid stammt aus Südtirol, wo sie einen Bauernhof mit vielen verschiedenen Tieren hat. Sie ist eine erfahrene Hirtin, arbeitet aber zum ersten Mal in der Schweiz. Der Grund, auf die Alp Ramuz zu kommen, waren neben der Schweiz als lukrativem Arbeitsort die Wölfe und vor allem die Herausforderung des Herdenschutzes, der für die Hirtin neu ist und von dem sie sich viel verspricht. Auch in Südtirol breiten sich Wölfe langsam wieder aus, und entsprechend möchte sie die Erfahrungen aus der Schweiz nach Hause mitnehmen. Die Wölfe hat sie möglicherweise am Vortag mittags heulen gehört, ist sich aber nicht ganz sicher. Astrid erzählt von den Weidesektoren, die sie abgesteckt hat, den Problemen, die sie mit den Flexinetzzäunen und auch mit der Einsamkeit hatte. Ramuz ist eine sehr abgelegene Alp, die Hütten sind nur zu Fuss erreichbar, und kaum einmal verirrt sich ein Wanderer oder eine Bergsteigerin hierher, sodass Astrid die meiste Zeit alleine mit den Tieren ist. Zu allem Überfluss war der Sommer bisher sehr neblig. Sie berichtet von Steinschlag, den sie beim Zäunen erlebte, von Tobelbächen, die bei Regen und Gewitter plötzlich anschwellen und unpassierbar werden, von hinkenden Schafen, von Blitzschlag und von Schneefall, der sie überrascht und vier Tage in der oberen Hütte eingeschlossen und das Leben eines Lamms gefordert hat. Lauter Gefahren. Der Blitz schlug bei der Hütte ein und traf vier Schafe. Zwei konnte Astrid retten, die beiden anderen musste sie zwischen Steinen verscharren. Die Herdenschutzhunde und einer der Border Collies zerrten Teile der Kadaver jedoch noch Tage später hervor, um sich an ihnen gütlich zu tun.

Wir laufen zur sich im Wiederaufbau befindenden Vierten Hütte in der unteren Lavaz, um Salz einzupacken. Als wir eine Pause machen, sehen wir einen Adler und eine Gämse mit Kitz, es ist mittlerweile Nachmittag. Beim Obersäss angekommen, wo bereits die Schafe sind, begrüssen uns die Herdenschutzhunde freudig. Nur der Herdenschutzhunderüde Samy bellt verhalten. Wir trinken erst einmal etwas und legen die Rucksäcke ab, Astrid raucht eine Zigarette, und wir essen etwas Kleines. Ich bestaune die schöne Hütte, die eigentlich von Jägern benutzt wird, über die Alpsaison aber der Hirtin zur Verfügung steht. Im Steingemäuer lebt ein Wiesel; in einem Eimer voll Salz hat es mit seinen Pfoten kleine Abdrücke hinterlassen. Als ich Wasser bei der Quelle hole, die wenige Dutzend Meter von der Hütte entfernt liegt und um welche die Schafe herum liegen, beobachten mich die Herdenschutzhunde aufmerksam. Jetzt, da ich ihnen zum ersten Mal allein begegne, gehe ich ganz steif vor lauter Respekt vor ihnen.

Nach unserer Stärkung gehen Astrid und ich vor die Hütte und beobachten die Schafe, die sich schon in kleinen Grüppchen und Reihen langsam zum Nachtpferch hinbewegen, der sich auf einem ebenen Platz hinter dem Obersäss befindet. Ein schöner, friedlicher Anblick. «Wie ein Krippenberg», sagt Astrid glücklich. Der Nachtpferch ist eine mehr oder weniger runde eingezäunte Fläche, auf der die Schafe die Nächte zum Schutz vor Wolfsangriffen verbringen. Zwei der sechs Herdenschutzhunde werden mit der Herde eingepfercht, die anderen vier patrouillieren die ganze Nacht lang ausserhalb des Pferchs. Für den Nachtpferch benutzt Astrid vier statt der empfohlenen drei Flexinetze, damit die Schafe nicht so stark aufeinander gedrängt sein müssen. Den Standort wechselt sie alle vier Tage, so wird der Boden nicht übermässig zertrampelt und überdüngt.

Nach einer weiteren Ruhephase (Zigarette) vor der Hütte gehen wir gegen 18 Uhr 30 langsam hinaus ans Ende der Koppel, um die Schafe zurück zur Hütte und zum Pferch zu begleiten. Wir kontrollieren, ob irgendwelche Tiere zurückbleiben, und laufen gemächlich hinter den letzten Schafen hinterher, ohne sie gross zur Eile zu zwingen. Von Treiben kann keine Rede sein, die Tiere strömen im Abendlicht wie Fussballfans zum Stadion, ein wunderbarer Anblick – eine zwischen Hirtin, Schafen, Border Collies und Herdenschutzhunden erst nach vielen Wochen endlich eingespielte Routine. Die meisten Schafe stehen mittlerweile vor dem Nachtpferch, die ersten

Ein mehrtägiger Besuch auf der Alp Ramuz macht deutlich, wie komplex die Umsetzung von Herdenschutzmassnahmen ist. Erst nach wochenlanger Arbeit und gegenseitiger Gewöhnung hat sich eine Routine zwischen der Hirtin, den Schafen und den Herdenschutz- und Hütehunden eingependelt. Dann aber prägt ein eigener Rhythmus das vielfältige Beziehungsgeflecht von Menschen, Tieren, Zäunen, Wetter und Landschaft.

Schutzhunde bewachen die Herde
I cani da protezione sorvegliano il gregge
Les chiens de protection gardent le troupeau
Guardian dogs watch the herd
herdenschutzschweiz.ch

Alp Ramuz
Alp Ramuz
lavaz
Ober Boden

4,0 kV OK
2,5 kV OK
CHECK
Change Battery
Tester
WIRELESS

legen sich schon hin. Mithilfe von aus der Ferne gerufenen Kommandos an Nell treibt Astrid dann doch noch eine Nachzüglergruppe zum Pferch. Ich bin sehr beeindruckt, Mensch und Hund auf diese Weise kooperieren zu sehen. Das Ganze ist sehr behutsam, die Schafe rennen höchstens ein paar Meter, begeben sich ansonsten eher gemächlich zur wartenden Herde. Astrid öffnet den Pferch, und die Tiere strömen hinein.

Wir füttern die Herdenschutzhunde, die ihr Futter teilweise gegen die Schafe verteidigen müssen. Samy bleibt ausserhalb des Pferchs, und Astrid schafft es nur mit viel Geduld und erst nach einigen erfolglosen Versuchen, ihn zu sich zu rufen. Ich gehe dabei extra weg zur Hütte und beobachte aus der Ferne, damit Samy weniger scheu ist. Schliesslich kann sie ihn streicheln und am Halsband in den Pferch führen. Ich komme zurück und beteilige mich etwas an der «Spielstunde» der jungen Herdenschutzhunde. Dann entlassen wir sie in ihren nächtlichen Arbeitstag und machen selbst Feierabend. Wir essen, reden, trinken etwas vom Wein und gehen dann gegen 22 Uhr schlafen. Im Dunkeln gehe ich mit der Taschenlampe auf das etwas abseits stehende Klo und habe ziemlich Angst vor den bellenden Herdenschutzhunden, deren reflektierende Augen auch bald im Schein der Lampe erscheinen und mir folgen. Auf dem Rückweg höre ich nur ihr Bellen in der Finsternis in meinem Rücken und bin froh, als ich die Einfriedung, welche die Hütte umgibt, erreiche. Drinnen, im Bett, höre ich beim Einschlafen immer noch das Bellen der Hunde, jetzt nicht mehr an mich gerichtet.

Aufstehen um 6 Uhr. Ein schneller Kaffee, bei Sonnenaufgang gehen wir raus, streuen etwas Salz auf die Lecksteine, begrüssen die Herdenschutzhunde (ich jetzt schon fast angstfrei) und füttern sie erneut. Die Schafe liegen noch ruhig, stehen dann aber auf und strömen aus dem Pferch, als wir ihn öffnen, nachdem Astrid die Stromversorgung ausgeschaltet hat. Sie ziehen in schönen Reihen am Hang entlang ans entlegene Ende der Koppel. Dabei erblickt man die Tiere gut und kann sehen, welche von ihnen hinken. Leider werden es laut Astrid immer mehr, sie fürchtet, dass die Moderhinke, eine hoch ansteckende Klauenkrankheit, ihre Herde befallen hat. Eine säugende Aue bleibt regungslos und allein am Pferch stehen. Astrid befühlt das pralle Euter: Es ist steinhart und heiss – Euterinfektion. Astrid melkt das Schaf etwas ab. Die Milch ist ganz verdickt und stinkt. Dann spritzt sie dem Schaf Antibiotika in den Hinterlauf und in die Zitze hinein. Die Aue legt sich danach etwas entfernt auf den Boden. In den kommenden Tagen erholt sie sich so weit, dass sie wieder aktiv frisst, mit der Herde geht und schliesslich auch wieder ihre beiden Lämmer mitführt. Dann frühstücken wir erst einmal richtig.

Nun ist der Plan, den Zaun zwischen Sektor 2 und 3 zu versetzen, sodass eine als Brunnen dienende Badewanne als Wasserquelle für die Schafe verfügbar ist, wenn sie am nächsten Tag in den neuen Weidesektor zum Nachweiden kommen. Auf dem Weg dorthin sehen wir die Schafe entspannt grasen, einige allerdings nahe am Zaun, der Sektor 1 und 2 trennt und den wir am Abend wegnehmen wollen, um den Durchgang zu ermöglichen. Als wir beim Umstecken des Zauns zwischen den Sektoren 2 und 3 gerade einen neuen Weg über ein Tobel suchen, bemerkt Astrid ärgerlich, dass ein Lamm den Zaun zwischen den Sektoren 1 und 2 überquert hat. Sie befürchtet, dass seine Mutter und dann mehr Schafe nachfolgen könnten. Wir gehen schnell zurück, und mit etwas List und Mühe bringen wir das Lamm durch eine geöffnete Lücke im Zaun wieder zurück. Astrid beklagt, dass in dem betroffenen Zaun kein oder kaum Strom ist, obwohl wir vorher auf dem Hinweg noch extra die Batterie im Viehhüter ausgewechselt haben. Die Netze sind teils mangelhaft oder gar defekt. Wir stecken den Zaun zwischen den Sektoren 2 und 3 gemeinsam um die Badewanne um und verlegen ihn über grössere Felsbrocken hinweg nach oben. Zur zusätzlichen Stabilisierung der Flexinetzzäune setzt Astrid Litzenzaunpfähle ein.

Als wir fertig sind und eigentlich nochmals gemeinsam den Zaun von Sektor 2 abgehen wollen, bemerkt Astrid die gleichen Schafe und Lämmer wie vorher an derselben Zaunstelle. Wir ändern unseren Plan: Ich gehe zurück zu den Schafen und verscheuche sie und passe auf, während Astrid allein den Zaun abgeht und kontrolliert. Ich beobachte Astrid aus der Ferne, warte auf sie und komme mir etwas nutzlos vor. Als sie schliesslich bei mir anlangt, raucht sie erst einmal eine Zigarette. Dann gehen wir zur Hütte zurück und treiben dabei die Störenfriede zurück zu den anderen Schafen, die mittlerweile über Mittag in der Nähe der Hütte liegen. Mittagessen und kurze Siesta.

Herdenschutz: Möglichkeiten, Herausforderungen, Probleme

Die Einführung und dauerhafte Umsetzung von Herdenschutzmassnahmen auf der Alp Ramuz in unmittelbarer Nähe zum ersten Schweizer Wolfsrudel erhielt entsprechend grosse mediale Aufmerksamkeit. Die Alp Ramuz wurde zu einem Versuchslabor für Herdenschutzmassnahmen und dadurch zugleich zu einem Politikum innerhalb der Wolfsdebatte. Von wohlgesonnenen Medien und Interessengruppen wird die Umstellung als geglückt bezeichnet und als vorbildliche Pionierleistung dargestellt. Naturschutzorganisationen führen die Alp als Beispiel für einen funktionierenden Herdenschutz auf. Von anderen Stimmen hingegen wird das durch CHWOLF mitfinanzierte Projekt als politisch motivierte Geste gewertet, mit der die generelle Machbarkeit von Herdenschutz mit allen Mitteln bewiesen und daran geknüpft die Vorstellung einer Koexistenz von Mensch und Wolf entgegen anderen Sichtweisen durchgesetzt werden soll.[92]

Fest steht, dass auf der Alp Ramuz nach der Einführung von Herdenschutzmassnahmen auch in der unmittelbaren Anwesenheit von Wölfen weiter Schafe gesömmert werden. In diesem konkreten Fall können also Berglandwirtschaft, Tourismus, Wild- und Grossraubtiere nebeneinander bestehen. Durch den beherzten Einsatz aller Beteiligten konnten eine neue alpwirtschaftliche Routine etabliert und Wolfsrisse bisher vermieden werden. Die ständige Behirtung führt zudem dazu, dass die Schafe durchgehend betreut und besser vor Naturgefahren wie Stein- oder Blitzschlag, Schnee und Wettereinbrüchen geschützt und bei Krankheiten schneller versorgt werden können. Allerdings war und ist neben der staatlichen auch eine bedeutende zusätzliche finanzielle Unterstützung durch eine NGO nötig, um diese Wirtschaftsweise zu ermöglichen und aufrechtzuerhalten. Zudem hatte man Glück, dass man das Calandawolfsrudel durch Herdenschutz- und andere Massnahmen erfolgreich dazu bringen konnte, von Rissen an den Nutztieren auf der Alp abzusehen, was keinesfalls selbstverständlich ist, wie viele andere Beispiele zeigen.

Positiv gesehen, bietet Herdenschutz insgesamt die Möglichkeit, «altes» Wissen über die Behirtung, Umtriebsweidesysteme und den Herdenschutz mit Hunden zu reaktivieren und eine über Generationen überlieferte Expertise aus Regionen wie Italien oder Osteuropa, in welchen Grossraubtiere niemals abwesend waren und dieses Wissen daher weiterhin praktiziert wurde, in die Schweizer Alpentäler zu bringen. Gleichzeitig hat Herdenschutz auch innovative Aspekte: In der Auseinandersetzung mit den Herausforderungen, die Grossraubtiere und Herdenschutz mit sich bringen, entsteht neues Wissen. Zudem werden neue Materialien, Techniken und Medien für die Herstellung von Zäunen, Futterautomaten, mobilen Hirtenhütten, Warn-SMS-Systemen und Tracking-Apps oder für die Zucht und Ausbildung von Herdenschutzhunden entwickelt und eingesetzt. Neue Formen der (Selbst-)Organisation, Kooperation und des Wissensaustauschs zwischen Landwirtschaft, Naturschutz, Tourismus und anderen Akteuren werden durch das gemeinsame Arbeiten an Problemen und Lösungen im Herdenschutz gefördert.

Das Beispiel der Alp Ramuz verweist aber auch deutlich auf die Herausforderungen und Probleme, welche Herdenschutz mit sich bringen kann. Krankheiten wie die Moderhinke oder die Gamsblindheit verbreiten sich durch das nächtliche Zusammenpferchen der Nutztiere stärker. Davon war auch die Alp Ramuz teilweise betroffen, und es wird als weitverbreitetes Phänomen zum ernsthaften Problem für die Berglandwirtschaft. Sogenannte Klauenbäder, bei denen die Hufe der Tiere desinfiziert werden, müssen regelmässig durchgeführt werden. Sie sind aber mit erheblichem personellem und zeitlichem Aufwand verbunden und können zudem die Verbreitung der Krankheiten nicht immer verhindern. Krankheiten wie die Gamsblindheit sind, wie der Name verrät, auch auf Wildtiere übertragbar und stellen eine Gefahr für die betroffenen Arten dar. Eine weitere Kritik, die oft an dem für Herdenschutz üblichen Umtriebsweidesystem angebracht wird, lautet, dass die Schafe während des Sommers weniger Fleisch zulegen, weil sie täglich vom Nachtpferch in bestimmte Weidesektoren und abends wieder zurückgetrieben werden und so weniger Zeit zum Fressen und Ruhen haben (siehe auch S. 32). Auch wenn nicht ausgeschlossen werden kann, dass dies auch auf den beschriebenen Fall zutrifft, zeigt der Besuch auf der Alp Ramuz jedoch ebenso die Effekte einer guten Behirtung. Menschen und Nutztiere passen ihre Rhythmen einander an und kooperieren,[93] sodass die Schafe nicht mehr Stress zu haben scheinen als im freien Weidegang.

Wenn Herdenschutzmassnahmen wie hier auf der Alp Ramuz verschiedenen Erschwernissen zum Trotz umgesetzt werden, darf dies jedoch nicht darüber hinwegtäuschen, dass diese Hürden vielerorts nicht so erfolgreich überwunden werden können. Nicht überall sind die aufgeführten Herdenschutzmassnahmen überhaupt durchführbar, und nicht immer können sie Wolfsrisse auch tatsächlich verhindern. Es gibt keinen hundertprozentigen Schutz. Selbst bei anfänglichen Erfolgen bleiben die Möglichkeit von Wolfsrissen und die damit verbundene Unsicherheit bestehen. Insbesondere bei nebligem Wetter mit schlechter Sicht – in Italien nicht zufällig «tempo da lupi», Wolfswetter, genannt – ist die Gefahr, dass Wölfe unbemerkt in eine Herde eindringen können, hoch. Und eines gilt es sich immer wieder bewusst zu machen: Herdenschutz ist aufwendig und kostspielig und geht immer mit Mehrarbeit für die betroffenen Personen einher. Die Umsetzung verschiedener Massnahmen zwingt zu Umstellungen von Alltagsroutinen, Arbeitsabläufen, Bewirtschaftungssystemen, Betriebsformen und Lebensentwürfen (siehe S. 32f.). Nicht alle Betroffenen sind den Umstellungs- und Lernprozessen, welche mit der Umsetzung von Herdenschutzmassnahmen einhergehen, so positiv gegenüber eingestellt und entsprechend motiviert wie die Hirtin auf der Alp Ramuz. Und nicht alle haben überhaupt die Möglichkeit, ihren Alltag so umzugestalten, dass der zeitliche, finanzielle, strukturelle und organisatorische Mehraufwand geleistet werden kann. Personen, die im Nebenerwerb Tiere halten, können die durch Herdenschutz nötig gewordene zusätzliche Arbeit oft schlecht mit ihrem beruflichen und persönlichen Alltag vereinbaren. Manche wollen sich solchen tiefgreifenden Veränderungen in ihrem Leben schlicht nicht anpassen, und auch dies ist nachvollziehbar.

Herdenschutzhunde und Tourismus

In ihrem Alltag von diesen Umstellungen in besonderem Mass betroffen sind natürlich zum einen Schafhalterinnen und Schafzüchter, Hirten und Landwirtinnen und zum anderen landwirtschaftliche Behörden und Verbände sowie Naturschutz- und andere Organisationen, die sich aktiv mit dem Thema Herdenschutz auseinandersetzen. Aber auch Wanderer, Bergsportlerinnen und andere Menschen, die sich regelmässig in den Alpen bewegen, müssen sich den Veränderungen anpassen, welche Herdenschutz mit sich bringen. So besteht ein gewisses Konfliktpotenzial rund um Begegnungen mit Herdenschutzhunden. Denn diese sind dazu ausgebildet, Eindringlinge von ihren Herden fernzuhalten. Während es auf der Alp Ramuz aufgrund fehlender beziehungsweise sehr wenig frequentierter Wanderwege kaum zu Kontakten zwischen den Schutzhunden und Wandergruppen kommt, stellen diese Begegnungen andernorts ein wachsendes Problem dar, und es kann zu Konflikten insbesondere mit dem Tourismus kommen. Die oben beschriebenen ersten Begegnungen mit Herdenschutzhunden auf der Alp Ramuz haben einerseits gezeigt, dass solche Begegnungen in Anwesenheit der Hirtin äusserst schön und friedlich ablaufen und zu freundschaftlichen Beziehungen zwischen Menschen und Herdenschutzhunden führen können. Andererseits wurde auch deutlich, wie einschüchternd, ja angsteinflössend die grossen, weissen Hunde mit ihrem eindrücklichen Auftreten wirken können.

Um Konflikte zwischen Herdenschutzhunden und Passantinnen und Passanten zu vermeiden oder zumindest zu reduzieren, wird die Zucht und Erziehung dieser Arbeitstiere darauf ausgerichtet, dass die Hunde lernen, zwischen Menschen, Begleithunden und Grossraubtieren zu differenzieren und entsprechend eine unterschiedliche Reaktion zeigen. So sollen die Hunde Menschen, Autos, Fahrräder oder Begleithunde nicht als Eindringlinge wahrnehmen und entsprechend nur beobachten, ohne sie aktiv zu vertreiben. Bei Wölfen, anderen Grossraubtieren oder wildernden Hunden sollen die Schutzhunde jedoch auf ihre Urinstinkte zurückgreifen und ihre Herde mit Leib und Leben verteidigen. Ein komplexes Anforderungsprofil also, dem die Herdenschutzhundezucht durch eine minuziöse Auswahl und Ausbildung der einzelnen Tiere gerecht zu werden versucht – sehr oft mit Erfolg.[94]

Auf der anderen Seite verlangt der Einsatz von Herdenschutzhunden aber auch, dass sich Menschen der potenziell kritischen Situation bewusst werden und lernen, sich bei Begegnungen mit den Hunden richtig zu verhalten. Vor allem für Personen, die prinzipiell Angst vor Hunden oder wenig Erfahrung mit ihnen haben, kann dies aber eine grosse Herausforderung sein. Dabei ist das Wissen um das richtige Verhalten ein wichtiger Baustein für den erfolgreichen Einsatz von Herdenschutzhunden. Nichts ist verheerender als eine Begegnung zwischen einem verängstigten Menschen und einem unsicheren Herdenschutzhund, welcher möglicherweise sogar bereits schlechte Erfahrungen mit anderen unerfahrenen Menschen gemacht hat und diese daher als potenzielle Bedrohung wahrnimmt. Genau dies sind die besten Bedingungen für ein konfliktbeladenes Aufeinandertreffen, das mit eingeschüchterten Menschen und Hunden und in seltenen Fällen auch mit einem Schnappen oder einem Biss enden kann.

Um unerfahrenen Menschen das Wissen zu vermitteln, welches solche unschönen Begegnungen verhindert, produzierte die landwirtschaftliche Beratungsstelle Agridea gemeinsam mit Kooperationspartnern aus dem Umwelt- und Naturschutzbereich ein Video, das zeigt, wie sich Wanderer und Bikerinnen bei Begegnungen mit arbeitenden Herdenschutzhunden korrekt verhalten. Mit leicht dramatischer Musik untermalt und kurzen, klaren Botschaften überblendet, werden im Video verschiedene Situationen gezeigt: eine Wandergruppe, die anhält und letztlich umkehrt, um einen anderen Weg zu suchen, oder ein Mountainbiker, der von seinem Rad absteigt und ruhig die Herde umgeht (Abb. 20). Das vermittelte Wissen soll Niederschlag in sehr konkreten Handlungen und Praktiken finden: die Wanderin oder der Biker, die auf Herdenschutzhunde treffen, sollen ruhig bleiben, warten, absteigen, die Herde umgehen. Am Ende des

Videos wird zudem auf ein digitales Kartentool verwiesen, auf welchem die Einsatzgebiete und -zeiten von Herdenschutzhunden abrufbar sind (Abb. 21).[95]

Wanderungen können entsprechend so geplant werden, dass Begegnungen mit Herdenschutzhunden von vornherein vermieden oder zumindest mental vorbereitet werden können. Zusätzlich zum praktischen Wissen über das korrekte Verhalten in spezifischen Situationen, das sich in die Körper von Wanderinnen und Bikern einschreiben und deren Verhalten unmittelbar verändern soll, wird der breiten Bevölkerung damit ein Werkzeug zur Hand gegeben, mit dessen Hilfe Ferien- und Freizeitaktivitäten neu geplant werden können, dies letztlich mit dem Ziel, ein Nebeneinander von (Berg-)Landwirtschaft, Tourismus und Grossraubtieren zu ermöglichen. Das Konfliktpotenzial zwischen Herdenschutz und Tourismus führt jedoch bei vielen landwirtschaftlichen Akteuren zu einer generellen Abneigung gegen den Einsatz von Herdenschutzhunden. Auch im Tourismus gibt es vermehrt Stimmen, die sich skeptisch äussern. An verschiedenen Orten kam es zu lokalen Initiativen gegen Herdenschutzhunde, so etwa 2018 in Andermatt, wo eine «Interessengemeinschaft keine Herdenschutzhunde» Unterschriften für ein Verbot sammelte. Auch wenn das Verbot letztlich nicht zustande kam, da es nicht bundesrechtskonform gewesen wäre, führte der Vorstoss doch zu einem grösseren Mitspracherecht für die Korporation Ursern bei der kantonalen Bewilligungspraxis von Herdenschutzhunden.[96]

Herdenschutzhunde zu halten und mit ihnen zu arbeiten, kann also durchaus eine Herausforderung sein. Dies gilt insbesondere für die Personen, die die Hunde besitzen, da diese nicht nur den Sommer über auf der Alp bei den Schafen sind, sondern das ganze Jahr über als zusätzlicher Teil des Betriebs zu betreuen sind. Zum einen müssen die Halterinnen und Halter den Umgang mit den Hunden selbst lernen. Denn Herdenschutzhunde sind weder Hüte- noch Begleithunde und bedürfen einer eigenen, differenzierten Erziehung und Handhabung. Zum anderen müssen sich Herdenschutzhundebesitzer und -besitzerinnen auch auf ihren Heimbetrieben mit der Möglichkeit von Konflikten zwischen ihren Hunden und Passantinnen oder Nachbarn auseinandersetzen.

Was Herdenschutzhunde zusätzlich derart herausfordernd macht, ist der Umstand, dass sie so schwer einzuordnen sind: Denn einerseits sind sie domestizierte, gut ausgebildete, staatlich geförderte Arbeitshunde. Andererseits sind sie aber auch grosse und starke Tiere, die mit ihren Urinstinkten und ihrem eindrücklichen Auftreten bb. 20/21 Ein Video vermittelt das korrekte Verhalten bei einer Begegnung mit Herdenschutzhunden; eine Wander-App zeigt Gebiete (hier bei Curaglia am Lukmanier) an, in denen Herdenschutzhunde arbeiten. Solche Medien sollen helfen, Konflikte zwischen dem Tourismus und Herdenschutzhunden zu vermeiden.

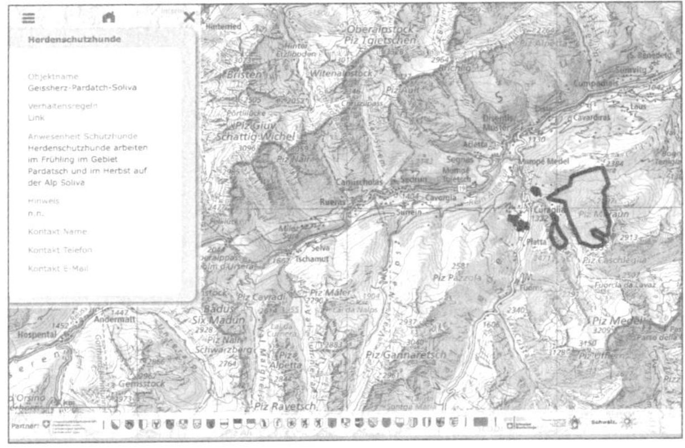

Nutztierherden vor Wölfen und anderen Grossraubtieren verteidigen sollen. Dabei müssen sie sich diesen buchstäblich in den Weg stellen und sie mit deren eigenen Waffen schlagen: mit Wildheit, Entschlossenheit und Aggressivität. Herdenschutzhunde sind also gewissermassen Hybride zwischen wilder und domestizierter Natur, nicht wirklich wild, aber auch nicht komplett zahm.[97] Durch ihre Anwesenheit werden auch die Landschaften, durch die wir uns alle bewegen, wieder ein Stück weit unberechenbarer. Und somit stellen Herdenschutzhunde nicht nur landwirtschaftliche Akteure, sondern zu einem gewissen Grad auch uns alle vor die Frage, ob wir gewillt sind, diesen teilweisen Verlust von Kontrolle, Sicherheit und Zugänglichkeit alpiner Kulturlandschaften auf uns zu nehmen und zu lernen, nicht nur mit Grossraubtieren, sondern auch mit diesen eindrucksvollen Arbeitstieren und einer ambivalent gewordenen Umwelt umzugehen.

Herdenschutz: ein Zwischenfazit

Die Einführung von Herdenschutzmassnahmen seit der Rückkehr der Wölfe hat dazu geführt, dass die Anzahl von Nutztierrissen in der Schweiz trotz der mittlerweile stark wachsenden Wolfspopulation zwar zunimmt, aber nicht in dem Masse wie die Anzahl Wölfe (siehe Grafiken 1 und 2, S. 192).[98] Die Umsetzung der Massnahmen erfordert in der Schweiz in den meisten Fällen jedoch eine Umstellung von Bewirtschaftungs- und Sömmerungssystemen (siehe Grafik 4, S. 193) und ist mit erheblichem Aufwand, Mehrkosten und vielfältigen Herausforderungen verbunden. Eine grosse Schwierigkeit im Herdenschutz besteht darin, die auf dem Papier klaren und eindeutigen Vorgaben in der Praxis umzusetzen, da jede Alp anders aussieht und jeder Betrieb anders funktioniert. Selten lassen sich alle Vorgaben ohne Weiteres umsetzen; manche Alpen sind vom Gelände her nicht oder nur mit unzumutbar hohem Aufwand schützbar, in vielen Fällen fehlt es an Mitteln und Möglichkeiten, und oft muss man improvisieren. An die konkreten Gegebenheiten angepasste, individuelle Lösungen stellen die Regel im Herdenschutzalltag dar. Die Umstellungen und Herausforderungen betreffen vor allem die Tierhalterinnen und -halter sowie die Hirtinnen und Hirten, aber auch den Tourismus und alle Menschen, die sich in den Bergen und in ländlichen Räumen, wo Nutztiere gehalten werden, bewegen. Herdenschutz ist ein Thema, in das wir alle auf die eine oder andere Weise involviert sind und das uns dazu zwingt, Gewohnheiten umzustellen, uns neues Wissen anzueignen und neues Handeln anzugewöhnen. Auch heute, rund 25 Jahre nach der Rückkehr der ersten Wölfe in die Schweiz, befinden wir uns dabei in einem ständigen Lern- und Entwicklungsprozess: Noch immer gibt es für viele Probleme keine endgültigen Lösungen, Erfahrungen müssen erst gemacht oder weitergegeben und dann wiederum an die jeweilige Situation angepasst werden. Es mag widersprüchlich und womöglich entmutigend klingen, doch Veränderungen und Anpassungen an eine dynamische, sich ständig im Fluss befindende Situation sind die einzige Konstante im Herdenschutz.[99]

Entsprechend verwundert es nicht, dass auch die Möglichkeiten der Umsetzbarkeit von Herdenschutz kontrovers diskutiert werden. Die Einschätzung, ob Herdenschutz funktioniert oder nicht, hängt eng mit der allgemeinen Haltung gegenüber Wölfen und der (Un-)Möglichkeit einer Koexistenz mit ihnen zusammen. Wer Wölfen gegenüber kritisch eingestellt ist, zweifelt meist auch an der Umsetzbarkeit von Herdenschutz; wer umgekehrt die Präsenz von Wölfen begrüsst, sieht in erster Linie die Möglichkeiten des Herdenschutzes. Fakt ist: Herdenschutzmassnahmen können funktionieren und Teil einer Lösung von Konflikten mit Wölfen sein.[100] Sie müssen aber ständig weiterentwickelt und den einzelnen Situationen angepasst (und manchmal auch als unmöglich aufgegeben) werden. Auch sind sie kein Allheilmittel und können nur in Kombination mit anderen Instrumenten dazu beitragen, dass sich Landwirtschaft, Tourismus und Grossraubtiere entfalten können. Alle Parteien müssen dazu bereit sein, sich immer wieder aktiv mit dem Thema auseinanderzusetzen und dazuzulernen, auch nach Rückschlägen.

Ein positiver Aspekt dabei ist die Möglichkeit, dass verschiedene Lager gemeinsam an Lösungen arbeiten und dabei den Fokus eher auf die gemeinsamen Ziele als auf gegensätzliche Positionen legen können. Als Beispiel dafür, wie innovativ solche Kooperationen sein können, mag ein Projekt dienen, in welchem die Gruppe «Schaf-Alp», bestehend aus den Umwelt- und Naturschutzorganisationen Pro Natura und WWF, dem Schweizerischen Schafzuchtverband und der Agridea, gemeinsam mit der Abteilung Holztechnik der Berner Fachhochschule eine mobile Hirtenhütte nach modernsten architektonischen und technischen Standards entwickelte. Die Hirtenunterkunft «Lana», die mit dem Helikopter auch während der Alpsaison an verschiedene Standorte transportiert werden kann und dem Hirtenpersonal einen einfachen, aber funktionalen Wohn- und Lagerraum bietet, wird seit 2019 auf verschiedenen Alpen eingesetzt.[101] Zentral für eine konstruktive Zusammenarbeit ist, dass die unterschiedlichen Arten der Betroffenheit durch die Umsetzung von Herdenschutzmassnahmen sowie die verschiedenen Expertisen und Zugänge anerkannt werden und gegenseitiger Respekt zwischen den Parteien existiert. Nur so kann erreicht werden, dass sich die verschiedenen Akteure auf Augenhöhe begegnen und einander nicht vorschreiben, was zu tun ist.

Es gibt bereits vereinzelte Ansätze, die eine solche gleichberechtigte Zusammenarbeit anstreben. Dazu zählen etwa das von der Vereinigung für ökologische und sichere Alpbewirtschaftung lancierte Projekt «Hirtenhilfe Schweiz» oder das von Pro Natura organisierte Programm «Pasturs Voluntaris».[102] In diesen Projekten unterstützen meist aus urbanen Regionen stammende Freiwillige Hirtinnen und Schafbesitzer bei der Arbeit auf der Alp, etwa indem sie Zäune aufstellen oder Schafe hüten. Auch wenn die tatsächliche Unterstützung durch Freiwillige in der Praxis womöglich begrenzt bleibt und für die Landwirtinnen und Landwirte teilweise auch mit zusätzlichem Betreuungsaufwand verbunden ist, stellen solche engagierten Projekte wichtige Versuche dar, bestehende Gräben zu überbrücken. Denn neben der konkreten Entlastung der Landwirte und Landwirtinnen führen solche persönlichen Begegnungen zwischen unterschiedlichen Bevölkerungs- und Berufsgruppen zum Austausch verschiedener Ansichten und Positionen, zum Kennenlernen unterschiedlicher Lebens- und Arbeitswelten und letztlich zum Abbau von Vorurteilen. Damit sind solche Projekte auch Teil langfristiger Lösungs- und Verständigungsansätze.

Jagdgesetzrevision: von der Motion Engler zur Volksabstimmung

Im März 2014 reichte der Bündner Ständerat Stefan Engler (CVP) eine Motion mit dem Titel «Zusammenleben von Wolf und Bergbevölkerung» ein.[103] Während seiner Zeit als Regierungsrat hatte Engler in den 2000er-Jahren die Rückkehr der Wölfe nach Graubünden miterlebt und als zuständiger Departementsvorsteher begleitet. Seine Motion verlangte vom Bundesrat, das Jagdgesetz dahingehend anzupassen, dass eine vorausschauende Bestandesregulierung bei Wolfspopulationen möglich wird. Der Motionär begründete sein Anliegen damit, dass sich nun Wolfsrudel zu bilden begonnen hätten und man rechtzeitig neue Regeln für diese veränderte Situation etablieren sollte. Die bisherige Möglichkeit des Abschusses einzelner schadenstiftender Wölfe im Nachgang zu Angriffen und Rissen reiche angesichts der neuen Situation nicht mehr aus. Stattdessen, so schlug Engler vor, solle neu eine Bestandesregulierung bei Wölfen möglich werden, wenn trotz zumutbarem Herdenschutz Schäden an Nutztieren passieren und die gute Verteilung des Wildes, die öffentliche Sicherheit oder die touristische Nutzung gefährdet seien. Nicht zuletzt könne durch diesen neu zu schaffenden Handlungsspielraum auch die Akzeptanz des Wolfs in der Bevölkerung gesichert werden, so die Überzeugung des Motionärs. Der Bundesrat empfahl dem Parlament, die Motion anzunehmen, und bestätigte, dass eine entsprechende Anpassung des Jagdgesetzes auch im Einklang mit der Berner Konvention stehe. Es sei nach ihrer rechtlichen Beurteilung möglich, so Bundesrätin Doris Leuthard (CVP), «innerhalb des heutigen Rahmens der Berner Konvention Wölfe abzuschiessen, vor allem, wenn sie im Siedlungsgebiet auftauchen oder gelernt haben, sich dem Menschen anzupassen oder die Herdenschutzmassnahmen zu umgehen».[104] Der Ständerat überwies den Vorstoss 2014 ohne Gegenstimme, und auch der Nationalrat hiess Englers Motion 2015 mit grosser Mehrheit gut.

Der Bundesrat legte seinen Vorschlag zur Revision des Jagdgesetzes 2017 dem Parlament vor.[105] Mit der vorgeschlagenen Revision sollte nicht nur die Motion Engler umgesetzt werden, sondern auch zwei weitere Vorstösse, die die gesamtschweizerische Anerkennung kantonaler Jagdprüfungen sowie die Umbenennung der eidgenössischen Jagdbanngebiete in Wildtierschutzgebiete verlangten. Das Anliegen der Motion Engler sollte insbesondere durch einen neuen Artikel 7a realisiert werden. Dieser Artikel hielt die Bedingungen fest, unter denen eine Regulierung bestimmter geschützter Tierarten, unter anderem des Wolfs, möglich sein sollte und ebenso die diesbezügliche Kompetenzverteilung zwischen Bund und Kantonen. Die beiden Parlamentskammern debattierten die Revision des Jagdgesetzes 2018/19 ausführlich, wobei besagter Artikel 7a besonders viel zu reden gab und im Parlament diverse Änderungen zum bundesrätlichen Vorschlag zur Bestandesregulierung geschützter Arten eingebracht wurden. Mehrere voneinander abweichende Beschlüsse von Stände- und Nationalrat, unter anderem betreffend Artikel 7a, mussten eine Differenzbereinigung und eine Einigungskonferenz durchlaufen, bis die beiden Räte die Vorlage schliesslich in der Herbstsession 2019 verabschieden konnten.[106] Umwelt- und Naturschutzorganisationen (Pro Natura, WWF, BirdLife, Gruppe Wolf Schweiz, Zoo Schweiz) ergriffen daraufhin erfolgreich das Referendum (Abb. 22) gegen das in ihren Augen – nicht nur in Bezug auf den Wolf – unausgewogene neue Jagdgesetz, und so wurde die Vorlage im Herbst 2020 dem Stimmvolk vorgelegt. Die Umwelt- und Naturschutzverbände erhielten im Abstimmungskampf Unterstützung von Grünen, SP, GLP und EVP. Auf der anderen Seite warben CVP, BDP, FDP und SVP für ein Ja zum revidierten Jagdgesetz, ebenso Verbände wie Jagd Schweiz, der Schweizerische Bauernverband oder die Schweizerische Arbeitsgemeinschaft für die Berggebiete (Abb. 23).[107] Mit 51,9 Prozent Nein-Stimmen lehnte das Stimmvolk die Revision des Jagdgesetzes am 27. September 2020 knapp ab (siehe S. 167f.).

Abwehren oder anpassen: unterschiedliche Kontrollansätze

Verschiedene Aspekte prägten die Diskussion um die Revision des Jagdgesetzes im Parlament und in der öffentlichen Debatte im Vorfeld der Abstimmung. Eine der zentralen Auseinandersetzungen war die Frage, welche Bedingungen gegeben sein müssen, damit staatliche Behörden in Wolfsbestände und in die Bestände weiterer geschützter Tierarten eingreifen können. Der Bundesrat schlug vor, im bereits erwähnten Artikel 7a festzulegen, dass solche Bestandesregulierungen nur dann durchgeführt werden dürfen, wenn sie für «die Verhütung von grossem Schaden oder einer konkreten Gefährdung von Menschen, die durch zumutbare Schutzmassnahmen nicht erreicht werden kann», erforderlich sind.[108] National- und Ständerat diskutierten sowohl die Streichung der beiden Adjektive «gross» und «konkret» als auch die Streichung des Teilsatzes mit den Schutzmassnahmen. Schliesslich setzte sich im Parlament die Variante durch, bei der das Adjektiv «gross» vor «Schaden» und der Passus mit den Schutzmassnahmen gestrichen wurden. Dies war einer jener Punkte, den die Umwelt- und Naturschutzverbände, die das Referendum ergriffen, am stärksten kritisierten. Insbesondere dass in Artikel 7a die verpflichtende Anwendung von Herdenschutzmassnahmen als Bedingung für Bestandesregulierungen bei Wölfen gestrichen wurde, war ihnen ein Dorn im Auge.

In dieser Auseinandersetzung um die genauen Bestimmungen für Bestandesregulierungen bei Wölfen trafen zwei unterschiedliche Kontrollansätze aufeinander.[109] Sie unterscheiden sich in dem, was sie zu kontrollieren vorschlagen. Die eine Seite, die für eine grundsätzlich erleichterte (und das heisst vor allem auch präventive) Regulierung von Beständen geschützter Tiere, insbesondere Wölfe, votierte, richtet den Fokus der Kontrolle auf die Wölfe selbst. Gemäss bb. 22/23 Der Wolf kommt vors Volk: Referendumskomitee und Revisionsbefürworterinnen und -befürworter vor dem Bundeshaus.

Franz Ruppen, Nationalrat aus dem Kanton Wallis, der sich im Namen der SVP-Fraktion für die Streichung der zumutbaren Schutzmassnahmen und des «gross» vor Schaden aussprach, würde so sichergestellt, «dass die Regulierung des Wolfsbestands einzig von der Reproduktion eines Wolfsrudels abhängt. Sobald also eine Reproduktion in einem Rudel festgestellt wird, ist die Regulierung bei den Jungtieren vorzunehmen.»[110] Hier soll, ungeachtet des jeweiligen Kontextes und ohne Verknüpfung mit Massnahmen, die im Bereich der Landwirtschaft zwingend zu ergreifen wären, einer sehr eindeutigen Formel folgend direkt und generell die Wolfspopulation kontrolliert werden.[111]

Demselben Kontrollansatz, der direkt auf die Wölfe zugreift, folgte auch ein Vorschlag, den der Verein Schweiz zum Schutz der ländlichen Lebensräume vor Grossraubtieren 2016 in die Diskussion einbrachte und der das Grossraubtiermanagement in der Schweiz grundsätzlich neu aufstellen wollte. Das vom Verein vorgeschlagene «Neue Grossraubtier-Konzept Schweiz»[112] sah vor, dass die Kantone ihr Hoheitsgebiet in unterschiedliche Zonen unterteilen sollten: In sogenannt «sensiblen» Zonen wie etwa Siedlungsgebieten, touristisch stark genutzten Zonen oder nicht schützbaren Weidegebieten wird «keine Wolfspräsenz» geduldet; «weniger sensible» Zonen mit schützbaren Weiden und Alpen erlauben «gelegentliche Wolfspräsenz»; und «möglich» ist Wolfspräsenz in «offenen» Zonen, wozu beispielsweise gut schützbare Alpen und weitläufige Gebiete mit geringer Freizeit- und Tourismusaktivitäten gezählt werden. Damit sollten die Grenzen zwischen wölfischem Lebensraum und durch Menschen und Nutztiere genutzten Kulturlandschaften generell geklärt werden: Wolfsgebiet soll in klare räumliche und rechtliche Schranken verwiesen werden. Auch den Urhebern des Papiers ist klar, dass damit nicht verhindert werden kann, dass Wölfe diese neuen Grenzen weiterhin überschreiten. Die Zonen gelten denn auch weniger den Wölfen als vielmehr den mit Wölfen interagierenden Menschen. Das Konzept erlaubt es Letzteren, im Voraus eindeutig zu definieren, was in einem bestimmten Gebiet gilt, und klare, standardisierte Handlungsmöglichkeiten zur Verfügung zu haben.

In diesen Positionen – wie sie sich im Zonenvorschlag des wolfskritischen Vereins oder in der Haltung von Ruppen zu den im Jagdgesetz festzulegenden Bedingungen für Bestandesregulierungen bei Wölfen finden – richtet sich der Kontrollfokus also auf die Wildtiere. Klaren, eindeutigen Regeln folgend, soll direkt auf die Wölfe selbst zugegriffen werden, zugunsten des Schutzes eingespielter Beziehungen zwischen Menschen und domestizierten Tieren.

Demgegenüber steht auf der anderen Seite ein Kontrollansatz, der seinen Fokus auf eben diese landwirtschaftlichen Systeme richtet. Diese sollen so umgestaltet werden, dass eine kontrollierte Integration der Wölfe in die bestehenden Strukturen möglich wird. Emblematisch hierfür stehen Herdenschutzmassnahmen, für die sich insbesondere die links-grüne Seite in der parlamentarischen Diskussion zum revidierten Jagdgesetz starkgemacht hat, so etwa Silva Semadeni, SP-Nationalrätin aus dem Kanton Graubünden:

«Sie schützen natürlich nicht hundertprozentig, aber wir wissen, dass Herdenschutzmassnahmen wirksam sind, denn am wenigsten Risse – um die zehn Prozent – erfolgen dort, wo Schutzmassnahmen getroffen werden. Wo keine solchen getroffen werden, ist die Zahl der Risse sehr hoch. [...] Es gibt Schutzhunde, die so erzogen werden, dass sie Touristen nicht angreifen und die Schafe schützen. Es gibt Geld dafür. Man bekommt die Hunde, und man bekommt auch Unterstützung, um diese Hunde das ganze Jahr zu füttern. Es gibt mehr Direktzahlungen, wenn man die Schafherden behirtet; es gibt auch Geld, um die Schafherden einzuzäunen.»[113]

In diesem kurzen Votum wird zumindest angetönt, wie aktiv und umfassend bei diesem anderen Kontrollansatz bestehende Systeme domestizierter Natur angepasst und verändert werden sollen, um die Präsenz von Wölfen zu ermöglichen: Neue Elemente wie Herdenschutzhunde, Behirtung und Zäune sollen in das bestehende landwirtschaftliche System integriert werden und Begegnungen und Überschneidungen von Wölfen mit Menschen und Nutzieren dadurch kanalisiert, gelenkt und moderiert werden. Der Kontrollfokus richtet sich also nicht auf die Wölfe, sondern auf die kulturland(wirt)schaftlichen Strukturen und Abläufe, die nach bestimmten Richtlinien gesteuert werden sollen, um Konflikte und Schäden zu reduzieren. Die eine zentrale Kritik am revidierten Jagdgesetz, die aufgrund des neuen Artikels 7a eine Schwächung des Herdenschutzes beklagte, beruhte also auf der Wahrnehmung, dass mit der Herausnahme der Verpflichtung zum Herdenschutz die Abkehr vom Gedanken einer kontrollierten Integration wölfischer Lebensräume und -weisen in bestehende ökologische, landwirtschaftliche und kulturelle Systeme einhergeht. Stattdessen sollte, so die Kritik, eine Kontrolllogik der generellen Abwehr Einzug halten, bei der direkt und ungeachtet des jeweiligen Kontextes und der konkreten Situation auf Wölfe zugegriffen würde.

Hinter der in der Wolfsdebatte – auch abseits der Diskussion um die Revision des Jagdgesetzes – oftmals aufgemachten Gegenüberstellung «Regulierung vs. Herdenschutz» stecken also zwei unterschiedliche Kontrollansätze, die jeweils auf etwas anderes fokussieren: einmal auf die wilde Natur in Form der Wölfe selbst, einmal auf die kulturland(wirt)schaftlichen Systeme. Dieser Streitpunkt in der Jagdgesetzdebatte spiegelt damit die beim Umgang mit Wölfen zentral diskutierte Frage wider, wie viel Kontrolle über Natur ausgeübt oder eben gerade nicht ausgeübt werden soll. Dabei verdeutlicht das Thema Kontrolle zuweilen auch Parallelen zu anderen gesellschaftlichen Themen: Auch bei den Auseinandersetzungen rund um Wölfe geht es unter anderem um die Frage, ob man Grenzen dicht machen und die «Anderen», die zu uns kommen und unsere Welt verändern, stärker kontrollieren oder abwehren soll oder ob wir sie besser in bestehende (ökologische und soziale) Systeme integrieren beziehungsweise ob und wie wir diese Systeme anpassen können.

Föderalismus und die Frage nach der Kompetenzverteilung

Eine zweite zentrale Auseinandersetzung bei der Revision des eidgenössischen Jagdgesetzes drehte sich um die Frage der Kompetenzverteilung zwischen Bund und Kantonen im neuen Artikel 7a. Konkret wurde darüber gestritten, ob die Kantone für eine Regulierung von Beständen geschützter Arten, wie unter anderem des Wolfs, den Bund (vertreten durch das Bundesamt für Umwelt BAFU) lediglich *anhören* müssen oder ob sie dazu (wie bis anhin) die *Zustimmung* des BAFU brauchen. Obwohl der neuen Handlungsmacht, welche die Gesetzesrevision den Kantonen zugestanden hätte, durch das Bundesgesetz weiterhin ein Rahmen vorgegeben gewesen wäre, der durch gerichtliche Klage auch hätte durchgesetzt werden können, wurde dieser Punkt in den parlamentarischen Diskussionen und auch im Abstimmungskampf kontrovers diskutiert. Die Auseinandersetzung um die Kompetenzverteilung zwischen Bund und Kantonen führte entlang einiger Grundmerkmale des Föderalismus schweizerischen Zuschnitts, namentlich der Bürgernähe, des Subsidiaritätsprinzips und des föderalen Minderheitenschutzes.[114] Insbesondere der Ständerat, also die «Kantonskammer», diskutierte die Kompetenzverteilungsfrage auf dieser Ebene.[115] Der Bündner CVP-Politiker Stefan Engler unterstrich in der Debatte die spezifischen, lokalen Kenntnisse – über die ansässigen Wölfe, die von diesen verursachten Probleme, den Herdenschutz, die unterschiedlichen Interessengruppen –, die bei den Kantonsbehörden vorhanden seien, und fuhr fort:

«Ich weiss, dass sich die Kantone und die Fachstellen in den Kantonen, die mit diesem Thema umzugehen haben, sehr wohl der Verantwortung bewusst sind und dass sie auch in der Lage sind, fachlich korrekte Entscheidungen zu treffen. Wie Sie hören, geht es in den Berggebieten im Wesentlichen auch um die Akzeptanz des zurückgekehrten Grossraubwilds. Wenn Sie die Akzeptanz bei der betroffenen Bevölkerung erhöhen möchten, dann führt nichts daran vorbei – es ist auch für die Glaubwürdigkeit ein Schlüsselfaktor –, dass die Kantone ermächtigt werden, die notwendige Umsetzung zu organisieren.»[116]

Die kantonalen Behörden seien, so Engler hier, zu einem differenzierten, ausgeglichenen und kontrollierten Umgang mit Wölfen in der Lage, und gerade dies biete die Chance, eine breite lokale Akzeptanz sowohl für das staatliche Wolfsmanagement als auch für die Wölfe selbst zu erreichen. Eine Kompetenzverlagerung hin zu den Kantonen würde also – so klingt es in Englers Argumentation an – eine Dezentralisierung und damit eine grössere Nähe von Politik und Staat zu den einzelnen Bürgern und Bürgerinnen mit sich bringen. Mit dieser Bürgernähe, die die Akzeptanz staatlichen Handelns zu fördern vermöge, verweist er auf ein Grundmerkmal des schweizerischen Föderalismus. Die grössere Bürgernähe aufgrund der vorgesehenen Kompetenzverlagerung hin zu den Kantonen rief aber auch Gegenstimmen auf den Plan. So berichtete etwa Daniel Jositsch, SP-Ständerat aus dem Kanton Zürich, in der Debatte von einzelnen Kantonsvertretern, die ihm

«hinter vorgehaltener Hand – und ich werde Ihnen nicht sagen, wer es war – sagten, sie stünden unter derart grossem Druck, dass sie eine entsprechende Entscheidung gar nicht treffen möchten; es sei ihnen lieber, wenn der Bund diese Verantwortung übernehme. Insofern glaube ich, es ist richtig, wenn wir diese Kompetenzverlagerung nicht vornehmen.»[117]

Diese Aussage von Jositsch konterte Engler mit den Worten: «Wenn Ihnen, Herr Kollege Jositsch, ein Kantonsvertreter sagt, man würde es lieber sehen, wenn der Bund die Entscheidungen fällt, weil man selber einem Konflikt aus dem Weg gehen möchte, dann braucht er oder sie Nachhilfeunterricht in Föderalismus.»[118] Aus diesem Schlagabtausch geht hervor, dass hier auch die Frage nach dem (mangelnden) Vertrauen in die Fähigkeit der Kantone, eigenständige, kompetente und rechtskonforme Entscheidungen zu treffen und umzusetzen, zum Thema gemacht wird. Dadurch wird explizit, wie in der Debatte zur Revision des Jagdgesetzes zugleich eine Diskussion über das richtige Verständnis und korrekte Funktionieren von Föderalismus geführt wurde.

Dies zeigt sich auch in einem weiteren Argument, das Jositsch in der ständerätlichen Diskussion des Jagdgesetzes gegen die Kompetenzverlagerung vom Bund zu den Kantonen einbrachte. Er erinnerte daran, dass gemäss Verfassung der Bund für Artenschutz zuständig sei. Die Kompetenzen in Bezug auf die Bestandesregulierung der geschützten Tierart Wolf beim Bund zu lassen (Zustimmungspflicht), mache entsprechend «Sinn aufgrund des Umstandes, dass sich Grossraubtierarten nicht an Kantonsgrenzen halten, weshalb der Schutzgedanke nur durchgesetzt werden kann, wenn der Bund über das gesamte Gebiet der Eidgenossenschaft den Schutz gewährleisten kann».[119] Das Subsidiaritätsprinzip des Föderalismus besagt, dass auf zentraler, das heisst auf Bundesebene, «jene Aufgaben erfüllt werden sollen, welche die Möglichkeiten der gliedstaatlichen Ebene übersteigen».[120] Auf diesen Punkt zielt hier Jositschs Argumentation, die vom Phänomen, das es zu regeln gilt, ausgeht: Als hoch mobile Tiere seien die weiterhin grundsätzlich geschützten Wölfe ein Phänomen, das über einen einzelnen Kanton hinausgehe – und das daher in die Zuständigkeit des Bundes fallen solle.

Ein drittes Grundmerkmal des Föderalismus, das in der ständerätlichen Debatte zur Jagdgesetzrevision präsent war, war der föderale Minderheitenschutz. Parlamentsmitglieder, die mehr Kompetenzen für die Kantone befürworteten, argumentierten, dass die Aufteilung von Kompetenzen zwischen Bund und Kantonen im Föderalismus es erlaube, Bedürfnissen, die national keine Mehrheit fänden, regional aber eventuell schon, gerecht zu werden. So führte etwa der Urner CVP-Ständerat Isidor Baumann aus:

> «Die Umsetzung im Föderalismus hat ja den Vorteil, dass man auf Gegebenheiten und besondere Empfindungen Rücksicht nehmen kann. Die Interessen des Kantons Zürich bleiben weitestmöglich gewahrt, ich hoffe aber umgekehrt, dass auch den Interessen der Bergkantone ein bisschen besser nachgelebt werden kann.»[121]

Die Problematik, dass die Zentren im Mittelland den peripheren Berggebieten aufgrund der Mehrheitsverhältnisse auf nationaler Ebene etwas auferlegen könnten, was deren Interessen und Bedürfnissen entgegenläuft, soll also der im Föderalismus eingebaute Minderheitenschutz entschärfen, welcher es erlaubt, unterschiedliche, regional angepasste Lösungen zu realisieren. Der von Baumann adressierte Zürcher Ständerat Daniel Jositsch wandte jedoch ein:

> «[W]enn sich natürlich die Wolfspopulation vor allem auf zwei, drei Kantone beschränkt, dann ist es nicht im Interesse des ganzen Landes, wenn diese zwei, drei Kantone allein entscheiden. Inso-

fern bedeutet Föderalismus, dass die Kompetenz dann in den Kantonen bleibt, wenn diese für sich alleine Entscheidkompetenz haben. Aber für den Wildtier- und Artenschutz ist eine gesamtschweizerische Sicht notwendig.»[122]

Jositsch gibt hier zu bedenken, dass es ein falsches Verständnis von Föderalismus sei, wenn das als Minderheitenschutz gedachte Delegieren von Kompetenzen an die Kantone dazu führe, dass eine Minderheit von wenigen Kantonen mit ihrer Wolfspolitik über das Schicksal der Wölfe in der ganzen Schweiz bestimme, insbesondere da Artenschutz gemäss Verfassung in die Zuständigkeit des Bundes falle.

Bürgernähe, Subsidiaritätsprinzip, föderaler Minderheitenschutz – in der Debatte zur Revision des Jagdgesetzes wurden immer wieder auf den Föderalismus rekurrierende Argumente eingebracht. Im Zuge interessenpolitischer Auseinandersetzungen wurde dieser als ein mögliches Instrument diskutiert, um einen neuen Umgang mit der Präsenz von Wölfen zu finden. Sowohl Parlamentarier und Parlamentarierinnen, welche die in der Revision angedachte Kompetenzverlagerung hin zu den Kantonen befürworteten, als auch jene, die sie ablehnten, beriefen sich auf Grundmerkmale des Föderalismus – und diskutierten damit auch das richtige Verständnis und die korrekte Auslegung von Föderalismus, wenn sie sich über den künftigen Umgang mit Wölfen stritten. Gerade weil Wölfe selbst hoch mobile Tiere sind und beispielsweise Kantonsgrenzen beständig überschreiten, stellen sie wohl eine besondere Herausforderung für ein kooperatives Management durch unterschiedliche staatliche Handlungsebenen dar.

Wölfe zwischen Stadt und Berggebiet

Die Motion von Stefan Engler, die am Anfang der Jagdgesetzrevision stand, trug den Titel «Zusammenleben von Wolf und Bergbevölkerung». Schon der Titel weist somit darauf hin, dass Wolfspolitik von gewissen Kreisen vor allem als Berggebietspolitik verstanden, diskutiert und gemacht wird: Wird in der Schweiz über den Umgang mit Wölfen gesprochen, wird über das Leben in den Alpen gesprochen.

Prägend für diese Aushandlung ist – wie bereits im Zusammenhang mit dem föderalen Minderheitenschutz angedeutet – die Gegenüberstellung von Stadt und Berggebiet, die auch im Kontext anderer Diskussionen, etwa um einen neuen Nationalpark oder Zweitwohnungen, zu beobachten ist. Dabei werden unterschiedliche, etablierte Beziehungsmuster dieser Räume reaktiviert und der Umgang mit Wölfen dadurch als eine Frage der Beziehung von Stadt und Berggebiet politisiert. Dies geht einher mit verallgemeinernden Zuschreibungen: Es werden homogene Einheiten von «Nicht-Betroffenen» und «Wolfsbefürworterinnen und -befürwortern» in den urbanen Zentren und von «Betroffenen» und «Wolfsgegnerinnen und -gegnern» im peripheren Berggebiet konstruiert. Solche Generalisierungen sind nicht gegeben, sondern kommen in Debatten – sei es strategisch oder unbewusst – zum Einsatz und werden dadurch politisch wirkmächtig.[123]

Ein besonders anschauliches Beispiel für den Einsatz solcher Bilder der Differenz von Stadt und Berggebiet ereignete sich in der nationalrätlichen Jagdgesetzdebatte im Mai 2019: In der Eintretensdebatte zur Revision des Jagdgesetzes ergreift am späten Vormittag der Zürcher Grünen-Nationalrat Bastien Girod für seine Fraktion das Wort: «Es geht in diesem Gesetz um diese Arten. [Der Redner zeigt ein Bild mit vier Tierfotos.] Die Grünen empfehlen Ihnen zusammen mit dem Luchs, dem Biber, dem Wolf und dem Gänsesäger, dieses Gesetz abzulehnen.» In Bezug auf Wölfe kritisiert Girod sodann die vage bleibende Definition des Begriffs «Schaden» in der vorgeschlagenen Gesetzesrevision sowie den Zeitraum, in dem Bestandesregulierungen möglich werden sollten. Zum Schluss seines Votums fordert er, nicht nur immer auf mögliche Schäden, die Wildtiere verursachen, zu blicken, sondern auch deren wertvollen Beitrag zur Biodiversität zu sehen und ihnen «Respekt», «Freude» und «Faszination» entgegenzubringen.[124] In der anschliessenden Fragerunde gerät Girod unter Beschuss. Als Erstes eilt Albert Rösti, Nationalrat aus dem Kanton Bern und zum damaligen Zeitpunkt Präsident der SVP, nach vorne:

> «Es ist eine absolute Arroganz – können Sie dem nicht zustimmen? –, dass Sie, aus der Stadt kommend, hier von Freude und Faszination sprechen: ‹Habt doch etwas Freude.› Haben Sie einmal einem Bauern, einem Schafbauern in die Augen geschaut, nachdem er seine Herde zerfetzt, die Tiere mit abgerissenen Beinen vorgefunden hat, nach x Tausend Stunden Bergarbeit? Ich habe es mehrfach getan. Sie sprechen hier von Faszination und von ‹beliebigem Abschuss› – den gar niemand will. Finden Sie das gegenüber diesen Leuten nicht unerhört?»[125]

Rösti zieht aus dieser Rhetorik der Differenz zwischen Alpinem und Urbanem ein politisches Argument: Er wirft Personen aus der Stadt vor, sich arrogant und ignorant über den Willen und die Anliegen der betroffenen Berggebiete und der Alp- und Berglandwirtschaft hinwegzusetzen, und reaktiviert damit das für das Verhältnis von Stadt und Berggebiet gut etablierte Beziehungsmuster der Fremdbestimmung, der ein Recht auf autonomes Bestimmen und Handeln vor Ort entgegengesetzt wird.

In seiner Antwort auf Röstis Frage ist Girod bemüht, diese Zweiteilung von urbanen Zentren und peripheren Berggebieten entlang des Musters der politischen Bevormundung nicht zuzulassen. Zuerst wehrt er sich in seiner Antwort explizit und ganz grundsätzlich gegen eine solche Setzung: «Ich finde diese Unterteilung der Schweizer in Flachländer und Bergler völlig falsch. Wir sind ein gemeinsames Land und bestimmen zusammen die Regeln für dieses Land.» Weiter betont Girod, wie oft er selbst in den Bergen unterwegs sei («Ich gehe etwa zwanzig Tage im Jahr in Gebieten joggen, wo es Wölfe und Bären hat») und Kontakt mit den dort ansässigen Leuten habe («Ich bin durchaus viel in den Alpen und spreche auch mit Älplern»), und er ruft in Erinnerung, dass es auch im Kanton Zürich immer wieder Wolfsvorkommen gebe («Wir hatten in Schlieren einen Wolf, der von einer S-Bahn überfahren wurde»).[126] Es ist dies ein Versuch von Girod, Nähe zu den Berggebieten, der Alpwirtschaft, den betroffenen Menschen sowie den Wölfen und den Problemen, die sie mit sich bringen können, herzustellen. Er kontert damit die von Rösti und weiteren Fragenden aufgemachte Differenz zwischen Stadt und Berggebiet und das dabei reaktivierte Beziehungsmuster der Fremdbestimmung, dem das Recht auf Selbstbestimmung gegenübergestellt wird.

Auch Stefan Engler operierte in der ständerätlichen Debatte zur Jagdgesetzrevision im Juni 2018 mit der Gegenüberstellung und der Beziehung von Stadt und Berggebiet:

«Mein zweiter Gedanke betrifft die Lebensart und das Verhältnis zwischen Berglern und Städtern [...]. Das Berggebiet ist keine Wildnis und auch nicht Kenia für Zürcher. Der Wildnisgedanke schliesst nämlich die Menschen, die Bergler, aus der Natur und aus der Kulturlandschaft aus. Der Wildnisgedanke übersieht, dass die Alpen vom Menschen tiefgreifend veränderte Kulturlandschaften sind und dass die schützenswerte Pflanzenvielfalt und die vielfältigen Landschaften eng mit der bäuerlichen Nutzung verflochten sind. Würde man diese Kulturlandschaften im Berggebiet aufgeben, indem man sich zurückzieht und Wildnis schafft, würden damit Kultur, Geschichte, aber auch Vielfalt verloren gehen. Es ist meine feste Überzeugung, dass das nicht geschehen darf und dass der Staat die Verantwortung für das gesamte Territorium hat und somit auch für diese abgelegenen Gebiete.»[127]

Engler appelliert hier an eine Sorgepflicht der ganzen Schweiz für die peripheren Berggebiete und deren Bevölkerung, der ein gutes Leben zu ermöglichen sei, und bemüht damit ein weiteres, historisch gewachsenes Beziehungsmuster von Berggebiet und Unterland: jenes der traditionellen, gesamtschweizerischen Solidarität mit dem Berggebiet und den dort lebenden Menschen.[128]

Ein weiteres etabliertes Beziehungsmuster ist die – insbesondere finanzielle – Abhängigkeit der Gebirgskantone von den urbanen Zentren. Dieses Beziehungsmuster wird vorgebracht, um ein Mitbestimmen von städtischer Seite in Bezug auf den Umgang mit den bisher vor allem in Bergregionen präsenten Wölfen zu rechtfertigen. Dies klingt etwa in der folgenden Frage an, die die Zürcher SP-Nationalrätin Jacqueline Badran in der Debatte zur Jagdgesetzrevision an ihren Basler Parteikollegen Beat Jans stellte:

> «Können Sie mir bestätigen, dass eigentlich die Bauern gerade für die Schafe, die ja hier als Schadengut dargestellt werden, massive Subventionen erhalten, dass sie, wenn sie Herdenschutz betreiben, dreifache Beiträge bekommen und dass sie, wenn ein Schaden passiert ist, sehr hohe Entschädigungen bekommen?»[129]

Auf das in der Frage von Badran zumindest anklingende Beziehungsmuster der finanziellen Abhängigkeit antwortet Jans jedoch nicht, indem er aus dieser Abhängigkeit seine wolfsfreundlichere, der Jagdgesetzrevision in vielen Punkten kritisch gegenübergestellte Position legitimiert (im Sinn eines «Wer bezahlt, darf (mit)bestimmen»). Vielmehr reaktiviert auch er eher das Beziehungsmuster der gesamtschweizerischen Solidarität mit dem Berggebiet:

> «Ich finde, dass man die Anliegen der Berglandwirtschaft ernst nehmen muss. Die sollten wir nicht einfach ausblenden. Es ist mit zusätzlichem Aufwand verbunden, wenn es Grossraubtiere in der Region hat. Das ist völlig klar. Dafür sollen sie entschädigt werden. Sie kriegen erstens Direktzahlungen, nicht wenig, auch die Schafzüchter. Sie bekommen zweitens Unterstützung für die Herdentiere [gemeint sind Herdenschutzhunde]. Und sie bekommen drittens, wenn es denn tatsächlich zu einem Schaden kommt, entsprechende Entschädigungen. Damit wird der wirtschaftliche Schaden meines Erachtens abgedeckt – der emotionale Schaden nicht, das sehe ich auch. Es muss hässlich sein, wenn man sieht, wie die eigenen Schafe gerissen wurden.»[130]

Ein wirkliches Ernstnehmen der berechtigten Sorgen der Berglandwirtschaft bestehe darin, so Jans, diese finanziell zu unterstützen, um den Mehraufwand und eventuelle Verluste zumindest wirtschaftlich zu kompensieren. Jans' Antwort geht damit in die Richtung, das Verhältnis von Berglandwirtschaft und restlicher Schweiz als solidarische Beziehung zu fassen und diese Sorgepflicht zum Argument zu machen, dabei aber darauf zu bestehen, dass eine wirkliche Solidarität mit der Berglandwirtschaft in der Unterstützung von Herdenschutzmassnahmen und Schadensersatzzahlungen liege und nicht in einer erleichterten Regulierung der Wolfsbestände.

Ein weiteres Beziehungsmuster von Stadt und Berggebiet, welches in der Debatte um das revidierte Jagdgesetz und den richtigen Umgang mit Wölfen reaktiviert wurde, kann als eine Art «Dienstleister»-Verhältnis beschrieben werden. In diesem Sinne argumentierte etwa FDP-Mann Ruedi Noser im Ständerat:

«Ich möchte auch betonen, und ich äussere mich hier als Stadtzürcher: Viele von uns gehen ja gerne in die Berge, um sich zu erholen. Aber ich weiss nicht, ob Ihnen auch schon aufgefallen ist: Wenn Sie im Ausland irgendwo in die Berge gehen, da hat es ausser Wildnis nichts. Wenn Sie in der Schweiz in die Berge gehen, da hat es eben ausser Wildnis etwas. Vielleicht ist die Erholung also eben nicht die Wildnis; die Erholung ist vielleicht die Kulturlandschaft, die in den Bergregionen vorhanden ist.»[131]

Noser gibt hier zu bedenken, ob nicht beide Seiten dasselbe Ziel für die Berggebiete hätten: Beide wollten dort doch eigentlich nicht eine unzugängliche Wildnis haben, sondern eine belebte alpine Kulturlandschaft – die Berglerinnen und Bergler, weil sie dort leben und wirtschaften, die Städterinnen und Städter, weil sie dort in ihrer Freizeit Erholung suchen würden, die man in der Kulturlandschaft und nicht in der Wildnis finde. Hier erscheinen die Berggebiete also als eine Art «Dienstleister» für Menschen aus den urbanen Zentren, indem sie diesen in Form der alpinen Kulturlandschaft eine intakte Freizeit- und Erholungslandschaft zur Verfügung stellen würden – die jedoch nur durch ein restriktiveres Wolfsmanagement auch in Zukunft zu garantieren sei, so Nosers Argumentation in Bezug auf die konkreten Bestimmungen im zu revidierenden Jagdgesetz.

Alpine Zukunftsszenarien in ökologischen, ökonomischen und kulturellen Kreisläufen

Wenn Wolfspolitik in der Schweiz als Berggebietspolitik diskutiert wird, werden dabei auch alpine Zukunftsszenarien entworfen und die Frage debattiert, wie sich die Berggebiete bei der neuerlichen Anwesenheit von Wölfen entwickeln sollen. Aus kulturwissenschaftlicher Sicht lässt sich beobachten, dass alle Positionen in diesem Zusammenhang in Kreisläufen denken und argumentieren: Menschen verstehen ihre Um- und Lebenswelt oft als System, das kreislaufartig und nach bestimmten Regeln funktioniert. Verschiedene Elemente greifen dabei ineinander und beeinflussen sich gegenseitig. Die zurückgekehrten Wölfe werden entsprechend als ein neues Puzzleteil gesehen, das in ein solch kreislaufartiges System hineinkommt, auf andere Elemente des Kreislaufs Einfluss nimmt und damit auch das ganze System verändern kann. Oft geht es um ökologische Kreisläufe; daneben werden jedoch auch weitere Kreislaufsysteme argumentativ in Stellung gebracht, etwa ökonomische, soziale oder ästhetische. Kennzeichnend ist, dass Akteure in der Wolfsdebatte in ihren Argumentationen diese verschiedenen Dimensionen oft miteinander verknüpfen.[132]

Das neue Element «Wolf» ist je nach System, das in den Fokus gerückt wird, wertvolle Ergänzung für den Kreislauf und sein Funktionieren oder aber ein Störfaktor, der den Kreislauf ins Stocken oder gar in Gefahr bringt. Auf der die Wölfe befürwortenden Seite argumentierte etwa Silva Semadeni (SP, GR) während der nationalrätlichen Jagdgesetzdebatte:

> «Es geht hier auch um Grossraubtiere, die eine wichtige Funktion in unserem Ökosystem haben. Es sind einheimische Tiere, die beispielsweise dazu beitragen, dass die Hirschbestände reduziert werden, und beweglich sein müssen – und somit für den Wald und dessen Verjüngung wichtig sind.»[133]

Wölfe sind in diesem Verständnis ein willkommenes, entscheidendes Puzzleteil des Ökosystems «Wald». Als ein lange fehlendes Element, das nun in dieses System zurückkommt, lösen Wölfe in dieser Perspektive eine Art Kettenreaktion aus und nehmen dadurch positiven Einfluss auf das Gesamtsystem in seinen kreislaufartigen Abläufen: Wölfe sollen im Lebensraum «Wald» sowohl die Anzahl als auch das Verhalten von Rehen, Hirschen und Gämsen beeinflussen und so dazu beitragen, dass junge Bäume verschiedener Arten wieder besser aufwachsen können. Diese Argumentationslinie basiert auf

Beobachtungen von Waldfachleuten und teilweise auf der Übertragung von Ergebnissen aus Nordamerika. Die Zusammenhänge zwischen der Präsenz von Wölfen, Huftierbeständen und natürlicher Verjüngung ist in Mitteleuropa zurzeit noch Gegenstand forstwissenschaftlicher Untersuchungen.[134] Inwieweit Wölfe in unseren Breitengraden in der Lage sind, ihre Beutetiere so stark zu beeinflussen, dass sich die Effekte entlang weiterer Stufen der Nahrungskette fortsetzen, ist also noch nicht geklärt.[135]

Mit genau umgekehrtem – negativem – Vorzeichen werden Wölfe auf der anderen Seite als ein Element verstanden, das im bestehenden kulturland(wirt)schaftlichen System ein Störfaktor ist. Dies wird etwa in der folgenden Passage aus einer Stellungnahme der Schweizerischen Arbeitsgemeinschaft für die Berggebiete zum revidierten «Konzept Wolf Schweiz» 2014 deutlich:

«Der Wolf ist mit den heutigen Bewirtschaftungsformen der Berglandwirtschaft und Alpwirtschaft nicht kompatibel. [...] Flächendeckende Schutzmassnahmen sind insbesondere in der Alpwirtschaft unter den schwierigen topografischen Verhältnissen im Gebirge nicht realistisch. Unter Wolfsrissen leidet die Landwirtschaft. Das führt im Extremfall dazu, dass Flächen nicht mehr bewirtschaftet werden. Die zunehmende Vergandung wird auch zu grossen Folgeschäden in den betroffenen Regionen führen. Damit wird auch dem Tourismus seine wichtigste Ressource, die gepflegte Kulturlandschaft, entzogen. Für den Tourismus nachteilig ist aber auch der Einsatz von Herdenschutzhunden, welcher oft zu Konflikten mit Wanderern führt.»[136]

In dieser Sichtweise bringt das neue Element «Wolf» eingespielte landwirtschaftliche und touristische Kreisläufe aus der Balance – einer Balance, die im Übrigen auch durch Herdenschutzmassnahmen nicht wiederhergestellt werden kann, da diese als impraktikabel und damit als ebenso inkompatibles Element für das bestehende kulturland(wirt)schaftliche System gesehen werden wie die Wölfe selbst.

Solchen kreislaufartigen Logiken folgend, werden dann auch – auf beiden Seiten – (alpine) Zukunftsszenarien erzählt und mögliche Entwicklungen des Berggebiets skizziert: Es wird sich vorgestellt, wie sich diese kreislaufartigen Systeme mit der Anwesenheit von Wölfen verändern werden. Besonders anschaulich tat dies etwa René Imoberdorf, Ständerat der CSP Oberwallis, in einer Debatte zu einem Wolfsvorstoss 2011:

«Wenn der Aufwand für die Schafzüchter zu gross wird, also Schutz und Nutzung in keinem vernünftigen Verhältnis mehr zueinander stehen, ist die Schafhaltung gefährdet. Das hat gravierende

Folgen: Weite Gebiete von der Talsohle bis weit über die obere Waldgrenze hinaus würden verganden; der Tourismus, einer der wichtigsten Wirtschaftszweige in unserem Kanton, würde darunter leiden; und, was noch gravierender ist, wir müssten zunehmend mit Naturereignissen wie Lawinen rechnen.»[137]

Wie in diesem Beispiel deutlich wird, besitzen die Kreisläufe, in denen Wölfe verortet und über die unterschiedliche, durch ihre Anwesenheit bedingte Zukunftsszenarien erzählt werden, mehrere Dimensionen. Der hier von Imoberdorf bemühte schafalpwirtschaftliche Kreislauf wird zum einen als ein ökonomischer Kreislauf beschrieben: Nicht nur die Schafalpwirtschaft selbst leide unter dem Störfaktor «Wolf», sondern auch der Wirtschaftszweig Tourismus, der von der Vermarktung der offenen alpinen Kulturlandschaft abhängig sei. Zum anderen weise der vom neuen Element «Wolf» negativ betroffene schafalpwirtschaftliche Kreislauf einen Sicherheitsaspekt auf. Denn, so Imoberdorfs Argumentation, eine funktionierende Schafhaltung gestalte auch bestimmte Landschaften mit, welche Naturereignissen gegenüber weniger vulnerabel seien.

Wenn mit dem Rückgang der Haltung von Schafen im Berggebiet offene Wiesenflächen verschwinden, wird dies zudem oft auch in ökologischen Begriffen als ein Verlust an biologischer Vielfalt beklagt. Wie sich die Sömmerung von Schafen (oder deren potenzielle Aufgabe) auf die Biodiversität der alpinen Kulturlandschaft auswirkt, ist umstritten und eine Frage, der auch wissenschaftlich nachgegangen wird. Die im ersten Kapitel erwähnte Schafalp-Planungsstudie der Agridea kommt für das Wallis etwa zum Schluss, dass Schafe vor allem im Talgebiet und in mittleren Höhenlagen einen Beitrag zur Offenhaltung von Flächen leisten.[138] Zunehmende Aufgaben von Schafalpen führen in den Augen mancher auch zum Verlust der vertrauten, «schönen» alpinen Kulturlandschaft. Georges Schnydrig etwa, der Co-Präsident des Vereins Schweiz zum Schutz der ländlichen Lebensräume vor Grossraubtieren, äusserte dies in einem Interview folgendermassen: «Wenn wir diese Berggebiete nicht mehr bewirtschaften können, wie wir sie heute bewirtschaften – da sind ja jahrhundertelange Traditionen und Kulturen dahinter –, dann geht die landwirtschaftliche Nutztierhaltung und mit ihr ein Stück Schweizer Kulturgut ‹z'hudle und z'fätzu› kaputt.»[139] Mit dem «‹z'hudle und z'fätzu› kaputt» enthält diese Aussage nicht nur eine ästhetische Dimension, sondern sie verweist mit den «jahrhundertelangen Traditionen und Kulturen» auch auf eine kulturelle Dimension und auf einen identitätsstiftenden Aspekt des Systems «alpine Kulturlandschaft». Aus Sicht mancher Akteure gehen durch die

Rückkehr des Wolfs in das System der Schafhaltung im Berggebiet also sowohl wirtschaftliche Funktionalität, Biodiversität und ein sicherer Lebensraum verloren als auch eine mit der Schafhaltung verbundene soziale Lebenswelt sowie Geordnetheit und vertrautes Aussehen einer identitätsstiftenden, als «schön» empfundenen Landschaft.[140]

Auch auf der die Wölfe befürwortenden Seite werden solche alpinen Zukunftsszenarien in Kreisläufen mit unterschiedlichen Dimensionen erzählt. Das Ökosystem «Wald», mit dem Silva Semadeni weiter oben argumentiert hat, wird oftmals explizit in Form des für die Bergregionen zentralen Schutzwaldes ins Feld geführt. Stellvertretend hierfür steht etwa folgende Ankündigung einer von Förstern angebotenen Luchs- und Wolfsexkursion, die im Rahmen des «Festivals der Natur», einer Veranstaltung im Umfeld des internationalen Tages der Biodiversität, stattfand:

> «Gebirgswälder sind meist auch Schutzwälder. Sie schützen somit Menschen und ihre Einrichtungen, was Gebirgsregionen erst bewohnbar macht. Die Verjüngung der Gebirgswälder ist aber keine Selbstverständlichkeit. Hohe Schalenwilddichten von Reh, Hirsch und Gämse hemmen das Aufkommen von jungen Bäumen entscheidend. So verschwinden Baumarten wie die Weisstanne oder die Eibe komplett aus unseren Wäldern. Andere Baumarten stehen unter so grossem Druck, dass sie unter verjüngungsstarken Arten wie Buche und Fichte ebenfalls einen schweren Stand haben. [...] Hier hoffen die Förster nun auf den Wolf und den Luchs. Die natürlichen Beutegreifer von Reh, Hirsch und Gämse könnten den Jägern helfen, die Bestände wieder dem Lebensraum Wald anzupassen.»[141]

Wird die Schutzfunktion des Waldes hervorgehoben, so ist in der entsprechenden Argumentation nicht mehr nur vom Ökosystem «Wald» die Rede, sondern die hier postulierten kreislaufartigen Zusammenhänge im Gebirgsschutzwald haben über die Ökologie hinausgehend weitere Dimensionen. Der sicherheitstechnische Aspekt erschliesst sich bereits aus dem Begriff «Schutzwald» selbst: Siedlungen, Infrastrukturbauten sowie Bewohnende und Gäste der Bergregionen werden von einem intakten Wald geschützt und wären damit, so das hier skizzierte Zukunftsszenario, von der neuerlichen Anwesenheit von Wölfen positiv betroffen. Der artenreiche Schutzwald, der sich gemäss dieser Hypothese dank dem Element «Wolf» natürlich verjüngt, weist weiter auch eine ökonomische Dimension auf, wenn argumentiert wird, dass ein solcher die kostengünstigere Variante für den Schutz vor diversen Naturgefahren sei als etwa technische Verbauungen oder kostenintensive Massnahmen zur anderweitigen Sicherstellung der Waldverjüngung (Einzelschutz, Pflanzungen, Zäune etc.). Zugleich ist das soziale und affektive Potenzial, das im System «Schutzwald» steckt, sehr hoch: Wenn mit dem Schutzwald argumentiert wird, dann geht es immer auch um den Lebensraum, um das Zuhause von Menschen sowie deren Sicherheit. Auch das mit dem Kreislauf «Schutzwald» erzählte Zukunftsszenario, das davon ausgeht, dass die Anwesenheit der Wölfe Positives bewirkt, verknüpft damit mehrere Dimensionen. Wölfe sind in dieser Argumentation nicht nur Teil eines ohne sie aus dem Gleichgewicht geratenen Ökosystems «Wald», sondern im Schutzwald auch Teil des vielschichtigen Systems «Leben in den Alpen» und dessen zukünftiger Entwicklung.[142]

Ein zeitgemässer Umgang mit Natur und eine fortschrittliche Schweiz?

Das Nein-Komitee machte gegen das revidierte Jagdgesetz unter anderem mit der Begründung mobil, dass das Gesetz nicht auf der «Höhe der Zeit» sei.[143] Auf den Plakaten (Abb. 24/25) der Gegenseite wiederum warb man mit dem Slogan «Fortschrittliches Jagdgesetz» für ein Ja an der Urne. Auch in der Diskussion im Parlament waren solche Einordnungen, die sich auf die (Un-)Zeitgemässheit der Revision bezogen, präsent. CVP-Nationalrat Benjamin Roduit etwa richtete an seinen Kollegen Martin Bäumle von der GLP die Frage: «Wir sind im Jahr 2019. Ist es Ihrer Meinung nach normal, dass ein Kind oder eine Frau vor einem Tier Angst haben muss?»[144] Währenddessen liess Bastien Girod von den Grünen verlauten: «Das ist kein Gesetz für das 21. Jahrhundert: Es zeigt einen veralteten Umgang mit der Natur.»[145]

Beide Seiten verstehen den Umgang mit Wölfen demnach als Zeichen für die Modernität oder Fortschrittlichkeit einer Gesellschaft.[146] Allen Akteuren geht es darum, sich in einer zukunftsorientierten und damit als fortschrittlich wahrgenommenen Gesellschaft zu verorten und diese gesellschaftliche Fortschrittlichkeit wiederum an einem bestimmten Umgang mit Wölfen festzumachen. Uneinigkeit herrscht darüber, welcher genaue Umgang mit Wildtieren und Natur denn nun zeitgemäss und damit verantwortungsvoll ist. Entsprechend vielfältig sind auch die Bedeutungen, die den Beutegreifern in diesem Kontext zugeschrieben werden: Der Wolf ist mal anachronistisches Tier, mal Verkörperung einer neuartigen, anpassungsfähigen Wildnis. In einem Interview führte Rolf Kalbermatten, Schwarznasenschafzüchter aus Törbel, erstere Ansicht aus:

bb. 24/25 Fortschrittlich oder missraten? Plakate im Abstimmungskampf um das revidierte Jagdgesetz.

«Der Wolf hat seine Berechtigung und er soll auch seine Existenz haben, das ist ganz klar. Auf der Welt gibt es genug Gebiete, wo sich der Wolf heimisch fühlen kann, aber nicht hier. Wir leben in der Schweiz nicht mehr wie vor 100 Jahren. Mit der Besiedlungsdichte, die wir heute haben, bin ich der Meinung, dass es nicht mehr denkbar ist, dass sich der Wolf hier irgendwie heimisch fühlen kann. Dem Wolf ist ja damit auch nicht gedient. Er findet ja praktisch keine richtige Wildnis mehr vor, mit der ganzen Agglomeration und der Landwirtschaft, mit ihren Nutzflächen.»[147]

Wölfe stehen hier für eine verschwundene Wildnis und eine vergangene, überwundene Zeit – und finden als solche in der zivilisierten Schweizer Kultur- und Siedlungslandschaft keinen Platz mehr beziehungsweise würden zu deren Verwilderung führen und stellen in dieser Perspektive daher einen Rückschritt dar. Dieser Position liegt die Vorstellung einer Unvereinbarkeit oder gar eines Konkurrenzverhältnisses von wölfischer Wildnis und einer von Menschen und Nutztieren belebten Kulturlandschaft zugrunde. Demgegenüber stehen andere Auffassungen dieses Natur-Kultur-Verhältnisses, die von der Vorstellung eines als geteilt gedachten Raums ausgehen und für die der Wolf gerade Prototyp und Pionier einer Natur ist, die ihren Platz auch in vom Menschen stark geprägten Kulturlandschaften zu finden vermag. Dazu David Gerke, Präsident der Gruppe Wolf Schweiz:

«In einer Zeit mit sieben Milliarden Menschen auf dem Planeten und acht Millionen in der Schweiz und mit einem Europa, das komplett eine Kulturlandschaft ist, ist es nicht Sinn und Zweck vom Artenschutz, Natur nur in total geschützten Wildnisgebieten zu erhalten, sondern es muss eigentlich das Ziel sein, die Natur integral zu erhalten, auch in den Räumen, in denen der Mensch drin vorkommt. Das heisst, auch in einer Kulturlandschaft muss Naturschutz betrieben werden, müssen Wildtiere, aber auch einheimische Pflanzen und so weiter überleben können und existieren können. Und der Wolf ist für mich definitiv ein Kulturfolger, wie das ganz viele andere Tiere sind, wie es zum Beispiel der Fuchs auch ist. Der Wolf braucht keine Wildnis.»[148]

Natur wird hier nicht als Gegenteil von Kulturlandschaft dargestellt, sondern als «integraler» Bestandteil von auch durch Menschen genutzten Räumen. Wölfe können und sollen als «Kulturfolger» ihren Platz auch in Kulturlandschaften finden. Gerkes Fazit, der Wolf brauche keine Wildnis, bedeutet allerdings keine absolute Abkehr vom Konzept «Wildnis», sondern viel eher dessen Relativierung: Ja, der Wolf ist ein Wildtier, aber nein, er braucht keine absolute, menschenleere Wildnis. Ob Wölfe als anachronistische Tiere gesehen werden, die in der zivilisierten Schweiz des 21. Jahrhunderts keinen oder kaum mehr Platz haben, oder als Pioniere einer zeitgemässen Natur nach der Jahrtausendwende, hängt also gerade auch damit zusammen, wie die Anordnung von Natur und Kultur, von Wildnis und Kulturlandschaft konzipiert wird – also ob die beiden Räume als absolut voneinander getrennt gedacht werden oder als zwei Sphären, die sich überlappen, aufeinander beziehen oder sogar ineinander übergehen.

Ein besonders explizites Beispiel dafür, wie ein bestimmter Umgang mit wölfisch verkörperter Natur mit Fortschrittlichkeit gleichgesetzt wird, liefert eine Aussage von Laura Schmid vom WWF Oberwallis. In einem Interview spricht sie sich dafür aus, dass die Schweiz auf die totale Kontrolle von Wölfen und der durch sie verkörperten Wildnis verzichten und diese damit «ein bisschen gehen»[149] lassen solle. Diese Vorstellung ist für sie äusserst positiv aufgeladen und direkt mit Modernität assoziiert: «Ich glaube, das wäre für mich ein Symbol für eine Art moderne Schweiz, die es schafft, irgendwie zu sagen: ‹Hey, es gibt unterschiedliche Berechtigungen in dem Land, und es gibt auch eine Berechtigung für Wildnis.›»[150] Für Schmid bedeutet ein fortschrittlicher Umgang mit Wölfen demnach, dass Mensch und Gesellschaft auch Unberechenbares ein Stück weit zulassen und auf bestimmte Nutzungsansprüche bewusst verzichten (sollen). Unabhängig davon, welche konkreten Handlungen und Haltungen in Bezug auf Wölfe also als zeitgemäss gesehen werden können: Letztlich reflektieren die verschiedenen Akteure in der Debatte um den richtigen Umgang mit Wölfen (wie sie u. a. bei der Jagdgesetzrevision geführt wurde) alle über das Verhältnis von Mensch und Natur und darüber, wie dieses in einer fortschrittlichen Gesellschaft auszusehen hat.

Nach dem Nein zur Jagdgesetzrevision: neue Handlungsspielräume ausloten

Die Revision des Jagdgesetzes war eine von insgesamt fünf eidgenössischen Vorlagen, die am 27. September 2020 zur Abstimmung gelangten. Die Stimmbeteiligung lag an jenem Sonntag bei ausserordentlich hohen 59,5 Prozent. Die Nachwahlbefragung zeigte, dass die Mobilisierung insbesondere im links-grünen Lager, bei Personen mit hoher Bildung und hohem Einkommen sowie in den urbanen Zentren hoch war, wobei vor allem die dann deutlich abgelehnte Begrenzungsinitiative («Für eine massvolle Zuwanderung») als «Zugpferdvorlage» gewirkt haben dürfte, sich diese Mobilisierung aber auch auf die anderen Abstimmungsergebnisse auswirkte.[151]

Die Revision des Jagdgesetzes wurde vom Stimmvolk an der Urne knapp abgelehnt. Der Nein-Stimmenanteil betrug 51,9 Prozent. Da es sich um ein Referendum handelte, spielte das Ständemehr keine Rolle, dennoch ist ein Blick auf die Karte aufschlussreich: Die geografische Ja-Nein-Verteilung scheint einen Mittelland-Alpen-Graben zu bestätigen. Elf Kantone lehnten die Revision ab, wobei der Nein-Stimmenanteil in Basel-Stadt, Schaffhausen und Genf mit jeweils über 60 Prozent am höchsten war. In 15 Kantonen – und damit einer Mehrheit der Stände (13 von insgesamt 23) – resultierte ein Ja, darunter in allen Gebirgskantonen. Am deutlichsten war die Zustimmung in den Kantonen Graubünden (67,3%), Wallis (68,6%), Uri (69,9%) und Appenzell Innerrhoden (70,8%).[152] Die Problematik, dass Regionen mit Wolfspräsenz überstimmt wurden, da bei dieser fakultativen Referendumsabstimmung das Ständemehr keine Rolle spielte, ist mit Blick auf die Abstimmungskarte also sicherlich nicht gegenstandslos. Nicht vergessen werden darf jedoch, dass Abstimmungskarten optisch immer eine scharfe Linie ziehen und in diesem Fall visuell scheinbar homogene Einheiten – «pro Wölfe» im Mittelland und «kontra Wölfe» im Berggebiet – zeigen, die in dieser Ausschliesslichkeit nicht zutreffen, denn auch im rot eingefärbten Nein-Kanton kann es bis zu 49 Prozent Zustimmung geben und umgekehrt.

Mit Blick auf die politischen Vorstösse seit der Abstimmung entsteht der Eindruck, dass die Frage nach dem zukünftigen Umgang mit Wölfen auch mit dem Volksentscheid vom 27. September 2020 noch nicht geklärt ist (siehe Grafik 6, S. 194). Auch die siegreichen Gegnerinnen und Gegner der Jagdgesetzrevision hatten im Abstimmungskampf und im Nachgang zum Volksentscheid festgehalten, dass sie zu Kompromissen im Umgang mit dem Wolf bereit seien.[153] In den Monaten nach der Abstimmung war entsprechend zu beobachten, wie neue rechtliche Handlungsspielräume ausgelotet wurden – sei es im Jagdrecht selbst (mit einer Revision der Jagdverordnung und einem neuen Anlauf für eine Gesetzesrevision) oder aber im Agrar- oder Polizeirecht.

Bereits Ende 2020 verlangte die Freiburger CVP-Nationalrätin Christine Bulliard-Marbach mit einem Postulat, dass der Bundesrat prüfen solle, welche flankierenden Massnahmen im Bereich des Agrarrechts möglich sind, um die Alp- und Berglandwirtschaft in ihrem Prozess der Anpassung an die Präsenz von Grossraubtieren zu stärken.[154] Diese Prüfung ist zurzeit (Stand Frühling 2022) im Gang.

Weiter reichten die Umweltkommissionen von National- und Ständerat eine Motion ein, die vom Bundesrat verlangte, «den Handlungsspielraum innerhalb des geltenden Jagdgesetzes auszunutzen» und die Jagdverordnung dahingehend anzupassen, dass «eine geregelte Koexistenz zwischen Menschen, Grossraubtieren und Nutztieren» möglich ist.[155] In den Diskussionen in den beiden Räten standen demokratiepolitische Überlegungen, ob und in welchem Umfang es legitim sei, so kurze Zeit nach der Ablehnung einer Gesetzesrevision bereits wieder aktiv zu werden, und der weiterhin vorhandene Handlungsdruck in Gebieten mit Wolfspräsenz im Vordergrund. Die jeweiligen Umweltkommissionen hatten die Motion einstimmig verabschiedet, und die beiden Räte überwiesen sie im März 2021. Die Revision der Jagdverordnung erfolgte im Hinblick auf die nahende Alpsaison sodann innerhalb kürzester Zeit und trat Mitte Juli 2021 in Kraft. Die revidierte Jagdverordnung erlaubt es den Kantonen, etwas schneller einzugreifen, indem die in der Verordnung festgelegten verschiedenen Schwellenwerte von gerissenen Nutztieren heruntergesetzt wurden, sowohl für den Abschuss von Einzelwölfen, den die Kantone eigenständig bewilligen können, als auch für die Regulierung von Wolfsrudeln, welche weiterhin nur mit Zustimmung des Bundesamts für Umwelt erlaubt ist. Was Wolfsrisse von grossen Nutztieren wie etwa Rindern oder Pferden anbelangt, wurde die Schadensschwelle in der revidierten Verordnung überhaupt numerisch festgelegt. Zugleich sieht die neue Jagdverordnung zusätzliche finanzielle Mittel für den Herdenschutz vor und konkretisiert, was zumutbare Massnahmen sind. Die Revision der Jagdverordnung ging damit einen Weg des Sowohl-als-auch mit vergleichsweise schnelleren Möglichkeiten zum Eingreifen im Schadensfall und einer Stärkung des Herdenschutzes.

Die Revision der Verordnung hatte im Rahmen des geltenden Jagdgesetzes, wie es durch die Stimmbürgerinnen und Stimmbürger am 27. September 2020 bestätigt worden war, zu erfolgen. Ende 2021/Anfang 2022 wurde jedoch bereits ein neuer Anlauf für eine Gesetzesänderung auf den Weg gebracht: Die Umweltkommission des Ständerats hatte im Oktober 2021 eine parlamentarische Initiative eingereicht, die das Jagdgesetz dahingehend ändern will, dass eine proaktive Regulierung des Wolfsbestands durch die Wildhut möglich wird.[156] Die Schwesterkommission des Nationalrats stimmte dieser Initiative zu, nachdem sie eine Anhörung mit den Kantonen und verschiedenen Interessenverbänden aus Landwirtschaft, Naturschutz, Waldwirtschaft und Jagd durchgeführt hatte. Die Interessenverbände hatten in Gesprächen zuvor einen Grundkonsens für eine schlanke Änderung des Jagdgesetzes gefunden, die allein auf den Wolf fokussiert: Eine präventive Regulierung der Wolfsbestände soll möglich werden, um diese regional auf einem für die Tierhaltung tolerablen Niveau zu halten. Die Wolfsbestände dürfen dabei nicht gefährdet werden. Herdenschutzmassnahmen werden weiterhin aufrechterhalten und möglichst vollumfänglich abgegolten. Die aktuelle Kompetenzverteilung zwischen Bund und Kantonen wird beibehalten. Nun wird sich zeigen, inwiefern eine Revision des Jagdgesetzes innerhalb dieses gemeinsam abgesteckten Rahmens erfolgen kann. Das heisst konkret, ob sich die verschiedenen Seiten tatsächlich finden, wenn es darum geht, die von allen grundsätzlich gutgeheissene Lockerung des Wolfsschutzes genau auszuformulieren.[157]

Einen bisher ungenutzten rechtlichen Weg beschritt im Januar 2022 derweil der Kanton Graubünden. Der Kanton liess in der oberen Surselva einen einzelnen Wolf erlegen, der sich mehrmals im Siedlungsgebiet Menschen genähert hatte und dessen Verhalten daher als problematisch mit potenzieller Gefährdung des Menschen eingestuft wurde (siehe auch S. 107). Mehrere Versuche, das Tier zu besendern und mit Gummischrot zu vergrämen, waren zuvor erfolglos gewesen. Der Kanton stützte sich für diesen Abschuss auf die polizeiliche Generalklausel.[158] Dieses Instrument aus dem Polizeirecht erlaubt staatlichen Behörden bei einer schweren und unmittelbar bevorstehenden Gefahr für die Bevölkerung, eigenmächtig zu handeln, wenn es gesetzlich nicht ganz klar ist, wie mit der Gefahr umgegangen werden muss. Das geltende Jagdgesetz regelt den Abschuss geschützter Tierarten im Fall einer erheblichen Gefährdung von Menschen nur für Tiere in einem Rudel, nicht jedoch für Einzelwölfe.[159] Insofern besteht hier eine Gesetzeslücke. Das BAFU überprüfte den Abschuss daraufhin und kam zum Schluss, dass dieser rechtens war. Der Kanton Graubünden wertete die vom Bund gutgeheissene Anwendung der polizeilichen Generalklausel als Präzedenzfall, auf den man sich auch in Zukunft in extremen Situationen berufen wolle, sofern der Umgang mit gefährlichen Einzelwölfen bis dahin nicht auf nationaler Ebene im Rahmen einer neuen Revision des Jagdgesetzes geregelt worden sei.[160] Naturschutzorganisationen äusserten Verständnis für den getätigten Abschuss[161] – auch dies kann als Indiz einer Annäherung an pragmatische Umgangsweisen gewertet werden.

Bereits 2018 hatte die Schweiz einen erneuten Anlauf genommen, den strengen Schutzstatus des Wolfs im internationalen Recht abzuschwächen, und bei der Berner Konvention den Antrag gestellt, dessen Schutzstatus von «streng geschützt» auf «geschützt» zurückzustufen[162] (für frühere Anläufe siehe S. 54). 2018 wurde aber kein Beschluss gefasst. Die Vertragsstaaten wollten zuerst weitere Informationen zum Vorkommen der Wölfe in ihren Ländern sammeln, um sich eine Meinung zu bilden. Diese Berichterstattung ist inzwischen erfolgt. Ob der Antrag der Schweiz noch einmal zum Thema wird, ist derzeit offen.

Auch in der Europäischen Union steht aktuell eine Flexibilisierung im Umgang mit dem Wolf zur Debatte. Dort gilt die sogenannte Fauna-Flora-Habitat-Richtlinie. Diese dient unter anderem der Umsetzung der Berner Konvention in den EU-Ländern. Gemäss der Fauna-Flora-Habitat-Richtlinie steht der Wolf unter einem besonderen Schutz, wenn auch für einige Mitgliedstaaten Ausnahmen gelten. Es sind dieselben Länder, die auch in der Berner Konvention einen Vorbehalt angemeldet hatten (siehe S. 52 / Anmerkung 39). Der Agrarausschuss des EU-Parlaments arbeitet zurzeit (Anfang 2022) eine Resolution aus, wonach in Regionen mit einem günstigen Erhaltungszustand des Wolfs eine Regulierung zum Schutz der Viehhaltung möglich sein soll.[163] Ob der Vorstoss den Beginn einer neuen Entwicklung markiert, wird sich zeigen. Steigen die Wolfsbestände weiter an, dürften sich die Chancen für eine Lockerung des strengen Schutzes erhöhen.

Wölfe in der Schweiz: eine gesellschaftliche Frage

Können wir mit Wölfen leben, und wenn ja, wie? Zu welchem Preis können wir eine solche Koexistenz erreichen? Welche Art von Kontrolle müssen wir ausüben, und worüber genau? Welche Kompromisse müssen wir eingehen, damit einerseits mit dem Wolf ein ehemals ausgerottetes Grossraubtier in der Schweiz überleben kann und andererseits nicht neue, unlösbare Probleme für manche Bevölkerungsgruppen entstehen? Welche Werte sind uns als Gesellschaft wichtig? Aber auch: Wie diskutieren wir über diese Dinge, und wie gehen wir dabei miteinander um? Solche Fragen rund um das richtige Management der zurückgekehrten Wölfe, um dessen gesetzliche Grundlagen, um die Kompetenzen verschiedener Akteure oder um die Möglichkeit und Zumutbarkeit der Umsetzung von Herdenschutzmassnahmen bleiben aktuell und werden unsere Gesellschaft auch in Zukunft bewegen.

Die Rückkehr der Wölfe ist mehr als ein ökologischer Prozess. Im Schatten des Wolfs werden andere kontrovers diskutierte Fragen und grosse gesellschaftliche Themen der heutigen Schweiz verhandelt: Fortschrittlichkeit und Tradition, Machtverhältnisse und soziales Miteinander, Identität und der Umgang mit dem Fremden, Sicherheit und Kontrolle, Nachhaltigkeit und Artenschwund. Schweizer Karikaturistinnen und Karikaturisten bringen dies ausdrucksstark auf den Punkt. Ihre Arbeiten zeigen die Wolfsdebatte als Ort der gesellschaftlichen Selbstverständigung.

Felix Schaad/Tages-Anzeiger, 4.11.2019
(Der Wolf fühlt sich wohl in der Schweiz)
Gabriel Giger, 11.9.2015
(Die Flüchtlingskrise beherrscht die Medien)
Marina Lutz, 22.3.2014
Orlando Eisenmann, 27.9.2020
Gabriel Giger, 17.10.2014
(Die Wolfsproblematik nimmt neue Dimensionen an)
Marco Ratschiller, 6.12.2019

WÖLFE SIND GERISSEN... IST DAS NUN FAKE ODER ECHTE INTE-GRATION?

SIND SIE AUCH AUF DER FLUCHT?

JAGD-
GESETZ
ORLANDO

Spielplatz

DAS WALLIS IM JAHR 2050: MANCHES IST ANDERS GEWORDEN ...
... ABER WIR LASSEN UNS NACH WIE VOR DEN HERDENSCHUTZ NICHT VON BERNER BÜROKRATEN VORSCHREIBEN!
KARMA
I VS

In der anhaltenden Wolfsdebatte wird einerseits die Koexistenz zwischen Menschen, Wölfen und Nutztieren verhandelt, andererseits aber auch die Frage nach einem zwischenmenschlichen Miteinander in unserer Gesellschaft debattiert. Es geht also nicht nur um die Abwägung zwischen dem Schutz menschlicher Existenzen und demjenigen einer bedrohten Tierart, es geht nicht nur darum, einen richtigen und zeitgemässen gesellschaftlichen Umgang mit unserer natürlichen Umwelt zu finden. Die Frage nach einem guten Umgang mit Wölfen ist auch die Frage danach, wie wir mit unseren Mitmenschen zusammenleben wollen, auf welche Art und Weise wir diskutieren und Antworten auf brennende Zukunftsfragen finden wollen – kurz: wie eine verschiedenen Interessen und Lebensentwürfen gerecht werdende Schweiz gestaltet werden kann.

Auch wenn wir in diesem Buch keine abschliessende Antwort auf diese Frage liefern können, wollen wir an dieser Stelle doch einige Punkte festhalten: Uns scheint wichtig, dass alle Beteiligten mit bestehenden oder wahrgenommenen Machtgefällen sensibel umgehen und vermeiden sollten, diese gar zu verstärken. Wichtig wäre etwa seitens der städtischen Bevölkerung und der Politik eine deutlichere Wertschätzung der Berglandwirtschaft und des Mehraufwands, den diese für den Herdenschutz leistet, und zwar nicht nur in Form einer stärkeren finanziellen Unterstützung, sondern auch im Sinn eines grösseren Verständnisses für die Schwierigkeiten, die das Leben mit Wölfen und die Umsetzung von Herdenschutzmassnahmen im Alltag von Menschen bedeuten können. Begriffe wie «Wildnis» oder «Koexistenz», welche für gewisse alpine Akteure negativ behaftet oder mit Ängsten assoziiert sind, sollten reflektiert und mit Bedacht eingesetzt werden. Der Schutz des Wolfs sollte immer mit dem Schutz alpiner Kulturlandschaften und Wirtschaftsweisen zusammengedacht werden und jeweils im Licht der dynamischen populationsökologischen Situation betrachtet werden. Gleichzeitig braucht es den Willen seitens der Berglandwirtschaft, sich weiterhin mit Veränderungen auseinanderzusetzen, in einem konstruktiven Umgangston mit anderen Akteuren zu kooperieren und an gemeinsamen Zielen zu arbeiten. Ein weiterer wünschenswerter und positiver Schritt wäre es, wenn wolfskritische Kreise anerkennen, dass der Schutz von Wildtieren und deren Lebensräumen mehr als eine Schwärmerei naturentfremdeter Städterinnen und Städter ist, sondern ein globales Problem adressiert und ein weitverbreitetes gesellschaftliches Bedürfnis darstellt, mit dem man sich positionenübergreifend auseinandersetzen muss.

Wenn man die Wolfsdebatte in einem breiteren Kontext betrachtet, lassen sich in den Diskussionen um den richtigen Umgang mit den Beutegreifern Verbindungen zu anderen grossen gesellschaftlichen Themen und kontrovers diskutierten Fragen erkennen: Grenzen überschreitende und unterwandernde Wölfe zwingen uns etwa dazu, neu zu klären, was «das Eigene» und was «das Fremde» ist und vor allem, wie beides zueinanderstehen kann oder soll. Solche Parallelen ziehen sich bis ins Sprachliche, wenn etwa im Parlament diskutiert wird, ob die Wölfe, die sich in der Schweiz ausbreiten, nun als «Rückkehrer» oder «Einwanderer» zu bezeichnen seien.[164] Die Rückkehr der Wölfe erhöht das Bewusstsein dafür, dass eine einzelne Art immer in Beziehungsgeflechte eingebettet ist und dass Landschaften von vielen Arten zusammen gestaltet werden: von Wölfen, aber auch von Schafen, Kühen und Herdenschutzhunden, von Rehen, Gämsen und Hirschen oder von unterschiedlichen Pflanzen- und Baumarten und selbstverständlich auch von uns Menschen. Als Teil dieser multispezifischen Beziehungsgeflechte teilen wir auch deren Verletzlichkeit.[165] Die Wiederausbreitung der Wölfe passiert in einer Zeit, die durch Artenschwund, Klimawandel und andere ökologische Krisen gekennzeichnet und in der Nachhaltigkeit ein viel diskutierter und zentraler Wert geworden ist.[166] Nachhaltigkeit, das wird auch in der Wolfsdebatte klar, hat dabei immer sowohl eine ökologische als auch eine soziale und ökonomische Dimension. Diese sind weder deckungsgleich noch durch identische Massnahmen zu erreichen. Wenn wir also Fragen danach diskutieren, ob die Anwesenheit von Wölfen den Schutzwald im Gebirge resilienter und Bergtäler sicherer macht oder ob die durch Wölfe erschwerte Sömmerung von Kleinvieh zu mehr Vergandung führt und dies die Verwundbarkeit von Bergregionen gegenüber Naturgefahren erhöht, dann sprechen wir auch darüber, wie ein gutes Leben in den Alpen aussehen kann. Und darüber, wie man es schafft, kulturelle Praktiken, Traditionen, Wirtschaftsmodelle und Lebensweisen zu erhalten und diese auch angesichts einer sich verändernden Umwelt zukunftsfähig zu machen. Zuweilen geraten der Wunsch nach Sicherheit (biosecurity) und der Einsatz für die Artenvielfalt (biodiversity) dabei in Widerspruch.

Im Rahmen der Auseinandersetzungen um den richtigen Umgang mit Wölfen, wie sie im Zusammenhang mit der Jagdgesetzrevision oder dem Herdenschutz, aber auch darüber hinaus stattfanden und stattfinden, passieren immer auch gesellschaftliche Selbstidentifikationen und Selbstpositionierungen. Etwas überspitzt könnte man sagen, dass die Wolfsdebatte damit auch zu einem Ort der Aushandlung einer fortschrittlichen, modernen Schweiz wird. In der Tat ist dies mit ein Grund dafür, dass die Diskussionen um Wölfe derart emotional und strittig sind. Neben den Interessenkonflikten zwischen Landwirtschaft und Naturschutz bilden nämlich existenzielle Fragen der gesellschaftlichen Selbstverständigung den Kern der Wolfsdebatte – Fragen, mit denen wir uns in Gesellschaft und Politik noch stärker auseinandersetzen sollten. Denn die Rückkehr der Wölfe in die Schweiz ist ein Prozess mit tiefgreifenden Folgen, die nur zu verstehen sind, wenn wir den Blick auch auf die gesellschaftlichen Fragen richten, die durch die grauen Vierbeiner aufgebracht werden.

Gianna Molinari
Wege des Wolfs

1

Die Wildnis ist gut überschaubar, sie ist durchdacht, abgesteckt, kontrollierbar. Sie ist so sehr in Zaun gehalten, dass wir mit Gewissheit sagen können: Dort ist die Wildnis. Sie hat ihren Platz, und in ihr hat auch der Wolf seinen Platz. Ein kleiner freier Fleck in einem kleinen Land. Sicherheitsmassnahmen vorhanden, umzingelt von Zaun, überblickt von Drohnen. Auf diesem kleinen freien Fleck kann die Wildnis unbeirrt wild sein. Einzig: Wir schauen zu.

Und wenn die Wildnis zu wild wird, greifen wir ein.

Dafür sind wir ausgebildet: ich und du. Wir sitzen auf unseren Posten und beobachten die Wildnis. Sehen das Gras unbeirrt wachsen, die umgekippten Bäume unbeirrt liegen bleiben, sehen Herden sich vergrössern und Rudel sich bilden, sehen den Wölfen beim Reissen, den Rehen beim Sterben, sehen den Vögeln beim Schlüpfen und den Fischen beim Laichen zu und sehen die Kraft der Tiere und ihre Schönheit. Sind neidisch auf die Wildnis und dankbar, ausserhalb von ihr zu sein.

2

Der Wolf ist da. Er macht vor den Städten nicht halt, streift durch deren Strassen und Gassen. Könnte am Morgen in deinem Hauseingang stehen und dir den Weg zum Briefkasten versperren. Im Briefkasten eine Zeitung. Und in der Zeitung die Schlagzeile: «Heulen in der Agglo».

Der Wolf würde nicht heulen, er würde sich nicht rühren, würde einfach dastehen, die Lefzen hochgezogen, die Zähne zeigend. Ein Knurren. Ein weiteres Knurren. Und dann wäre er plötzlich weg, verschwunden, in wenigen Sätzen, um die nächste Ecke, und nur du würdest zurückbleiben. Der Weg frei zum Briefkasten.

3

Wir machen das hier für die Sicherheit. Wir sind zu zweit: du und ich. Für die Sicherheit. Dafür stehen wir nachts auf und schlafen am Tag. Dafür jagen wir im Dunkeln nach Schatten. Dafür stellen wir Fallen auf, an strategisch geschickten Stellen. Dafür trainieren wir unser Sehvermögen, achten auf die unscheinbarsten Bewegungen und die leisesten Geräusche in und aus der Dunkelheit. Dafür sammeln wir Daten.

Käme er und würde er dauerhaft bleiben, würde er das Umland verändern. Die Rehe und Hirsche wären aktiver, sie würden weiterwandern und andernorts äsen, und der Wald hätte Zeit zu gedeihen. Und Bakterien würden sich am Aas der Wolfsbeute beteiligen, hätten dort ein grosses Fressen, und wiederum hätte der Wolf genügend zu fressen, weil die durch ihren Jäger gestressten Rehe und Hirsche mehr Nachwuchs bekämen.

Das läuft im Kreis, das reguliert sich dermassen, sagst du und zeigst in den Wald.

Ein Wegbereiter, sagst du.

Der sich satt frisst, sage ich.

Wer tut das nicht, sagst du.

Und ich beisse in mein Sandwich, das nach altem Rucksack riecht, wohl weil es zwei Tage lang in meinem alten Rucksack lag.

Die meiste Zeit sitzen wir auf unseren Posten und schauen ins Umland vor uns. Wenn er kommt, dann von dort. Mit Sicherheit. Ebenfalls mit Sicherheit können wir sagen: Ganz und gar unbekannt ist er uns nicht. Wir kennen seine Grösse, sein Alter, seinen Gang, seine Gestalt, seine Herkunft, seinen Verwandtschaftsgrad. Wir haben uns über die Jahre kundig gemacht, sind ihm auf die Schliche gekommen. Was aber seine Pläne sind, wissen wir nicht. Wird er bleiben, wird er gehen, wie gross wird sein Abstand zu uns sein, sein Einfluss, seine Anpassung?

Unser Ziel ist die Sichtung des Wolfs und die frühzeitige Warnung.

Unser Ziel ist die Vergrämung des Wolfs mittels Lärmerzeugung wie Rufen oder Warnschüssen.

Unser Ziel ist die Erziehung des Wolfs, wenn der Wolf sich nicht wie ein Wolf verhält.

Was als wölfisch gilt und was nicht, darüber entscheiden wir. Ich bin mir nicht sicher, ob ich kompetent genug dafür bin. Ich zweifle überhaupt an meiner Kompetenz für diesen Posten.

Du aber traust mir das zu. Und darum versuche auch ich, zuversichtlich zu sein, und rufe mir meine Fähigkeiten in Erinnerung, die für mich auf diesem Posten sprechen: Ich bin geduldig, ich kann Wurzeln schlagen und lange Zeit auf ein und dieselbe Stelle starren, ohne zu blinzeln, ich bin wendig und über weite Strecken furchtlos.

Wenn wir einen Wolf erschiessen müssen, sagst du, dann immer nur im Beisein anderer Wölfe, damit der Schrecken Wirkung zeigt, damit die erschreckten oder geschockten überlebenden Wölfe Bericht erstatten in ihrem Rudel. Damit das Rudel sich dann fürchtet.

Wir sitzen also auf unserem Posten, die Stadt im Rücken, mit ihren Lichtern und ihrem Lärm, mit ihren Ängsten und Wünschen, mit ihrem Sicherheitsbedürfnis und warten auf den Wolf.

4

Andernorts seien sie in der Überzahl, sagst du. Du erzählst von einer Stadt. Die Stadt sei eine saubere Stadt. Die Stadt sei stolz auf ihre Sauberkeit. Sie glänzt aus allen Gassen, sagst du. Glanz selbst in den Hinterhöfen und in den Unterführungen. Und der Glanz wirkt sich auch auf die Stimmung der Stadtbewohnerinnen und -bewohner aus. Auch sie glänzen und strotzen vor Zufriedenheit. Das ist so in dieser Stadt. Das ist an jedem Tag so und beinahe zu jeder Uhrzeit. Ausser um 23 Uhr. Um 23 Uhr nämlich zeigt die Stadt ein anderes Gesicht. Eines mit Sorgenfalten und überzogen mit Schweissperlen, eines, das mehr einer Fratze gleicht denn einem Gesicht. Kurz vor 23 Uhr erfüllt ein schriller Sirenenton die Stadt. Bei öffentlichen Gebäuden klicken automatische Schlösser. Die wenigen Autos und öffentlichen Verkehrsmittel halten an und verriegeln ebenfalls ihre Türen. Und die wenigen Menschen, die sich um diese Uhrzeit noch auf den Strassen, in Parks, auf Brücken, egal, irgendwo da draussen aufhalten, begeben sich hastig in die nächstgelegenen Gebäude.

Kurz vor 23 Uhr sind die Strassen leer, und eine Stille ist in der Stadt, in ihren Strassen und Gassen, an ihren Fassaden, in den Vorgärten und Hinterhöfen, die mit nichts zu vergleichen ist. Eine ganz und gar eigentümliche Stille.

Und dann sieht man sie. Zuerst ihre Schatten an den Fassaden, dann ihre Körper, ihr Fell, ihre Nacken und Ohren und Schwänze. Man hört ihr Schnaufen und Schnauben, ihre Krallen auf dem Asphalt und ihr Jaulen wie Fäden, die an unterschiedlichen Stellen der Stadt weitergezogen werden, die nie abbrechen, anhaltend hallen, die schaurig klingen.

Sie ziehen durch die Gassen, Rücken an Rücken, werfen jeden losen Gegenstand um, zerkratzen die Autos. Ein Meer aus graubraunem Fell füllt die Strassen, und ist eine Stadttaube zu langsam oder schafft es eine Katze nicht mehr rechtzeitig in ihr Heim, dann verschwinden sie in den Mäulern und den Mägen dieser Masse, die die Stadt überrollt.

Und Menschen, sagst du, unterscheiden sich nicht von Tauben, nicht von Katzen.

5

Schwarznasenschafe, sagst du und zeigst auf Punkte auf einem Schneefeld.

Noch vollzählig, sage ich.

Wenn die Schafe fehlen, sagst du, dann wird die Landschaft in den Bergen verganden, verbuschen, verwalden, verwildern. Wir werden nicht mehr das sehen, was wir über Jahrzehnte sahen, nicht mehr das Geordnete, das Vertraute, nicht mehr diese Landschaft, von der wir sagen: Diese Landschaft ist wie unsere Haut. Oder: Wir kennen diese Landschaft wie unsere eigenen Handflächen.

Ohne Schwarznasenschafe wird uns die Landschaft abhandenkommen und mit ihr ein Teil von uns selbst.

Wie gehäutet stehen wir dann da, und neben uns die gerissenen Schwarznasenschafe.

6

Andernorts sind die Wölfe wie einst die Füchse in den Städten zu Hause. Sie halten uns die Ratten vom Leib, säubern die Stadt von unserem Abfall, halten die Bären von der Stadt fern. Sie werden geduldet. Leben nach wie vor im Schatten, ducken sich in die Dunkelheit, lassen sich besser nicht blicken am Tag. Sie haben Marken an den Ohren und Nummern als Namen. Und wir nennen sie nützlich.

7

Du träumtest, sagst du, dass du in einer Winternacht nach draussen gingst, aus der Hütte, die Hütte aus Holz mit einer kleinen Steinmauer als Gartenzaun. Wobei von Garten nicht die Rede sein konnte, ein kleines Fleckchen Weide und auf der Weide ein Baum.

Über der Weide, der Steinmauer und über dem Baum lag Schnee. Der Trampelpfad war nur ein Trampelpfad, weil du jeden Tag darüber gingst, weil du dir die Mühe machtest, aus dem Nichts einen Weg zu trampeln.

Besser trampeln als schaufeln, sagst du, und ich nicke zustimmend.

Du träumtest also. Von einem verletzten Wolf. Er lag hinter der Steinmauer. Ein Jungtier, verletzt an seinem linken Hinterbein,

Blut im Schnee und der Blick auf dich gerichtet. Du weisst von der Gefahr, die von verletzten Tieren ausgehen kann, und wäre es nicht ein Traum gewesen, hättest du anders gehandelt. Aber im Traum kam es so: Du hast den Wolf aufgehoben, hast ihn auf deinen Rücken geschwungen und bist mit ihm den Trampelpfad weiter gegangen bis zur schwarzgeräumten Strasse und die Strasse entlang Richtung Tal. Du hast den Wolf an seinen Vorderläufen gehalten und mit jedem Schritt schien das Tier an Gewicht zuzulegen.

Du hättest den Wolf nicht gefragt, daran könntest du dich erinnern, sagst du, der Wolf habe von alleine mit dem Sprechen begonnen: Schmerzen habe er, ein blöder Unfall sei es gewesen, er sei nicht achtsam genug gewesen.

Ungeschickt, gerade in dieser Jahreszeit, gabst du überrascht zur Antwort. Überrascht, weil der Wolf sprach, aber vor allem auch, weil du ihm antwortetest.

Der Wolf winselte auf deinem Rücken.

Wo du ihn hinbringen würdest, fragte er.

Zu einem Veterinär, sagtest du mit einer möglichst gelassenen Stimme, um den Wolf, aber vor allem, um dich zu beruhigen.

Der Wolf baumelte an deinem Rücken, und du sagtest, dass er sich festhalten solle, so gut es eben gehe, dass er schwer sei, dass er eine Last sei.

Der Wolf winselte erneut. Das liege am Reh, das er gestern verspeist habe, zwar sei er nun satt, aber bei der Jagd habe er sich die Verletzung zugezogen. Nahrungsbeschaffung sei immer riskant, sagte er, und du spürtest seinen warmen Atem in deinem Nacken, durch die Kapuze hindurch, die du dir über den Kopf gezogen hattest.

8

Und über die Bestie sagen sie: Sie ist nach oben geflohen; sie ist nach unten geflohen; wir haben Spuren im Schnee gesehen, Blut; wir haben geschossen.

9

Manchmal verlassen wir unsere Posten, um ihn im Umland aufzuspüren. Wir suchen die Wege des Wegbereiters, seine Fährte. Wir sind ihm dicht auf den Fersen. Wir notieren uns seine Gewohnheiten, sammeln seinen Kot, seine Haare, sehen Zerkautes, Liegengelassenes, riechen seinen Urin, und nur einen Steinschlag von uns ist er vielleicht entfernt, sitzt hinter einem Felsen oder steht auf einer Lichtung.

Wir laufen mit Handykamera die Spuren ab, suchen unsere Fotofallen auf. Wir montieren neue Fotofallen auf Kniehöhe, dreissig bis fünfzig Zentimeter über dem Boden.

Immer wieder finden sich Menschenbeine auf den Bildern.

Mehr Menschenbeine als Wölfe, sagst du und zeigst mit dem Finger auf Falten im Stoff.

Mehr Schemen als Wolf, mehr Phantomwolf als reales Tier, mehr Vermutung als Tatsache.

Mehr Gedanken rund um den Wolf als ein Wolf rund um uns.

10

Jeder Kindergarten hat seinen eigenen Wolf. Die Kinder verfolgen ihn über Radar, sehen, wie er sich bewegt, wie das Rudel wandert, wie viele Jungen im Frühjahr zur Welt kommen, geben den Tieren Namen, sammeln mit selbst gebackenen Muffins in Wolfskopfform Geld für ihren Wolf, drucken T-Shirts mit seinen Pfotenabdrücken, schreiben ihm Briefe. Jedes Kind ist für eine Woche Wolfshüterin oder Wolfshüter und ganz besonders verantwortlich. Wenn die Kinder von ihren Eltern abgeholt werden, jaulen sie zur Begrüssung. Überhaupt jaulen die Kinder viel.

11

Ich fülle das Formular zur Direktbeobachtung aus.
Wetterverhältnisse: Regen
Minimale Distanz der Beobachtung: 20 Meter
Beobachtung mit: von Auge
Dauer der Beobachtung: 2 Minuten
Hergang der Beobachtung: auf der Suche nach Wolfspräsenz
Grösse im Vergleich zu einem Deutschen Schäferhund: grösser
Farbe des Rückens: Farbe vermischt mit Schwarz
Dominierende Farbe: dunkelbraun, grau, dunkler vorne
Flanken: wie der Rücken
Unterseite: beige

Die Pfoten lasse ich aus, weil ich die Pfoten nicht erkennen konnte mangels Sicht. Auch die Beschreibung der Ohren gelingt mir nicht.
Schwanz: eher kurz
Kopf: eher gross
Schnauze: eher lang
Verhalten gegenüber dem Menschen: gleichgültig
Beschreibung der Beobachtung und Bemerkung: Ich stand am Waldrand, der Wolf in circa zwanzig Meter Entfernung, stand ebenfalls am Waldrand. Die Sicht war durch den Regen beeinträchtigt, meine Brille beschlagen, das Tier war nicht zweifelsfrei ein Wolf. Wir standen circa zwei Minuten in reglosem Sichtkontakt, dann ging der Wolf ab, verschwand hinter einer Hügelkuppe.

Schlussfolgerungen Wolfsbeobachtung «wahrscheinlich», Fotos von der Beobachtung «nein».

Der Akku war alle, sage ich.

Das glaub ich jetzt aber nicht, das ist nicht dein Ernst, kein Foto, sagst du, und in deiner Stimme klingt Zorn mit, Zorn über mein Verfehlen.

Wetterverhältnisse: Nebel
Minimale Distanz der Beobachtung: 4 Meter
Beobachtung mit: von Auge
Dauer der Beobachtung: 30 Sekunden
Hergang der Beobachtung: auf der Suche nach Wolfspräsenz
Grösse im Vergleich zu einem Deutschen Schäferhund: grösser
Farbe des Rückens: einfarbig
Dominierende Farbe: braun, hellbraun, schwarze Partien vorhanden
Flanken: heller
Unterseite: beige
Pfoten: wie der Rücken
Schwanz: eher lang, hängend
Ohren: eher spitzig, eher lang
Kopf: eher gross
Schnauze: eher lang
Verhalten gegenüber dem Menschen: neugierig
Beschreibung der Beobachtung und Bemerkung: Ich sass auf meinem Posten, die Stadt im Rücken und vor mir der Wolf, Distanz kaum vier Meter, der Wolf hob seinen Kopf, witterte etwas, schaute mich an, machte einen Schritt nach vorne, bevor er stehen blieb und ganz plötz-

lich nach links davonrannte, in Sekundenschnelle zwischen den geparkten Autos verschwand.

Schlussfolgerungen Wolfsbeobachtung «sicher», Fotos von der Beobachtung «ja».

12

Andernorts gibt es eine Stadt, in der es mitten im Zentrum eine grosse Grube gibt, in der Grube gehen Wölfe im Kreis und von oben schaut das Publikum, zeigt auf die Tiere, ruft ihnen zu, sieht vorab die Rücken der Wölfe, sieht das graue Fell, das braune, das schwarze, das rote, sieht die Wendigkeit der Tiere, die hier zu nichts führt, nur immer wieder zu einer weiteren Runde im Kreis.

Früher bewohnten Bären die Grube. Nun also Wölfe. Und die Welt scheint so in Ordnung: sie in der Grube, wir über der Grube.

13

Der Abwesende, sagst du. 150 Jahre keine Spur von ihm, zumindest keine wirkliche. 150 Jahre Ruhe. 150 Jahre Sicherheit.

Und nun soll diese lange Zeit des Friedens, der sorglos äsenden Rothirsche vorbei sein?, ruft die Stadt, und was sie ruft, prallt von der Stadtmauer ab, die die Stadt eigens neu errichtet hat, dem Wolf zum Trotz.

14

Wir stehen in einer «sensiblen Zone», und in einiger Entfernung vor uns steht ein Wolf.

Wolfspräsenz ist hier nicht geduldet, sagst du und schaust mich entrüstet an. Und dann schaust du den Wolf entrüstet an.

15

Die Herdenschutzhunde drehen ihre Runden. Sie sind mit der Herde aufgewachsen und darum mehr Herde als Rudel. Sie sind Hybride, wild und domestiziert. Und manchmal aggressiv gegenüber einem Wanderer und einer Touristin bissen sie ins Bein.

Gegen einen Wolf nützt ein Schosshund nichts, sagst du, der Herdenhund muss beissen können.

Und du streichst ihm über das dicke, weisse Fell, und er schnappt nach deiner Hand.

16

Ist der Schatten eines Wolfs Beweis genug?

17

Du wählst. Klickst auf ein weibliches Tier F deiner Wahl oder ein männliches Tier M deiner Wahl. Wählst zwischen Jungtier oder altem Bekanntem, wählst zwischen Beverin, Calanda oder Muchetta und klinkst dich ein, wenige Tasten nur sind zu bedienen, du setzt die Brille auf und wirst zum Wolf, bist live dabei, in Echtzeit. Du siehst Baumstämme neben dir und Blätter vor dir, siehst den Waldboden, manchmal eine Vorderpfote oder ein anderes Tier des Rudels dicht bei dir, siehst Böschungen und Gruben, Wurzeln und Weiden, bist dicht bei ihm, bist beinahe deckungsgleich, schleichst dich unter sein Fell, zwischen seine Ohren, siehst, was er sieht, siehst Schafe und Kühe und Zäune und Strassen. Manchmal bringt dich der Wolf an Orte, die kein Mensch vor dir je gesehen hat, manchmal stehst du mit dem Wolf auf einer Lichtung in der Morgendämmerung, siehst Tau und Wasserläufe und Findlinge oder verfolgst die Fährte von Wild bei Nacht, manchmal bist du bei einem Riss dabei – Fell, Haut, Blut – oder bei einem Verkehrsunfall – Fell, Haut, Blut. Manchmal tötet der Wolf, manchmal wird er getötet. Und du bist dabei. Live und in Echtzeit.

Der Wolf bringt dich der Natur so nah, wie der Mensch der Natur schon lange nicht mehr nah war. Er ist der Letzte, der Zugang zur Wildnis hat und der dich dorthin mitnimmt, in eben diese für den Menschen unpassierbaren Täler, auf die unwegsamen Berge und auf die rohen Ebenen.

Und später wirst du sagen: Ich war dabei, als Wölfe noch in der Wildnis lebten. Als es noch Wildnis gab.

18

Über einige Wölfe wissen wir besser Bescheid als über unsere Hauskatzen. Wir wissen, wann sich ein Wolf wo aufhält. Die GPS-Daten erreichen uns in regelmässigen Abständen. Die Hauskatze ist da freier. Ihre Wege bleiben uns verborgen. Es interessiert nicht, ob sie den Hinterausgang genommen hat und über die Blumenrabatte, durch alle Nachbarsgärten bis zum Kreisel gelaufen ist oder doch durchs Fenster auf den Gehweg sprang, den Weg Richtung Osten der Hauptstrasse entlang nahm, am Coop vorbeiging und dann erst zum Kreisel gelangte. Die Wege des Wolfs hingegen sind von Interesse für die ganze Gesellschaft und von politischer Relevanz. Darum sind wir wissbegierig. Wir können bereits ihre Stimmen voneinander unterscheiden, und wenn wir ein totes Tier finden, wird es pathologisch untersucht, damit wir es nicht nur aus-, sondern auch inwendig kennen.

19

Er lief und lief. Er lief und wurde nicht aufgehalten, nicht von Mensch, Strasse oder Mauerwerk. Er lief immer weiter, über Landesgrenzen hinweg. Lange dauerte seine Reise. Von Süden Richtung Norden. Immer weiter. Und als er dann dort ankam im Norden, dort, wo es ihm gefiel, machte sich im Süden ein anderer auf den Weg.

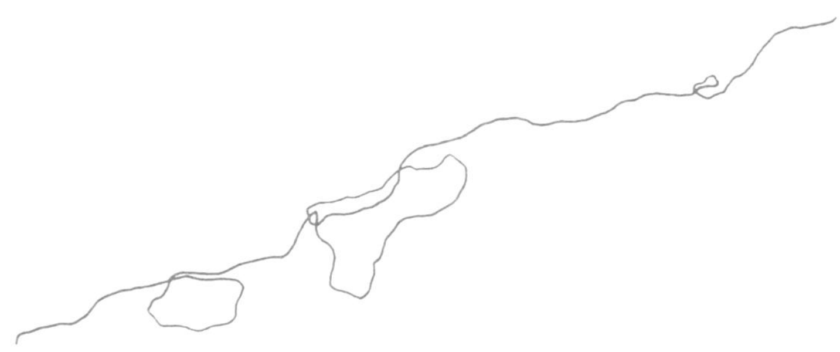

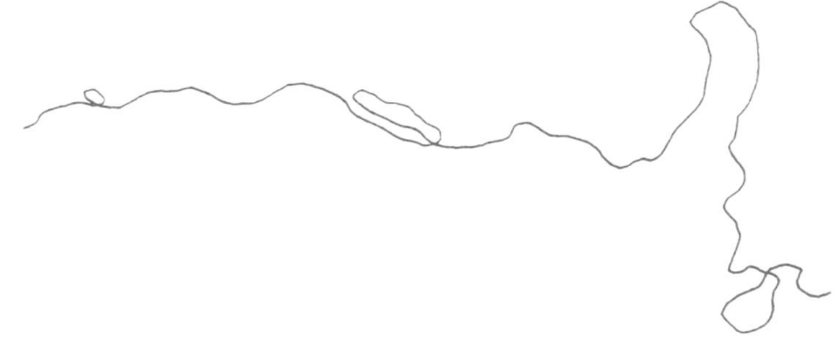

Anhang

Grafik 1: Anzahl Wölfe und Wolfsrudel in der Schweiz 1994–2021
Quelle: KORA

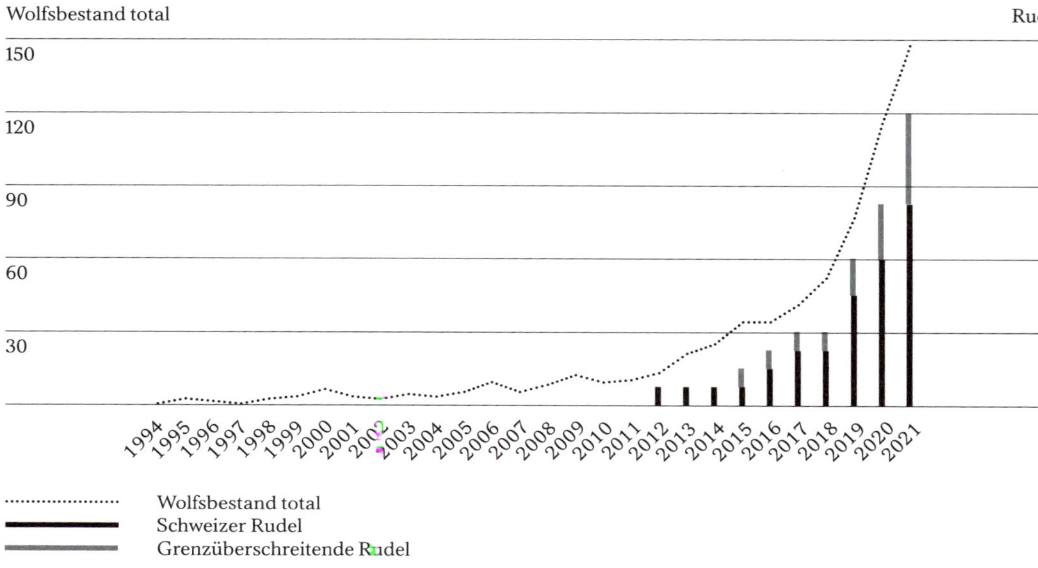

Grafik 2: Übergriffe auf Nutztiere (1998–2021) und Entschädigungszahlungen (1999–2019) für durch Wölfe gerissene Nutztiere
Quelle: BAFU

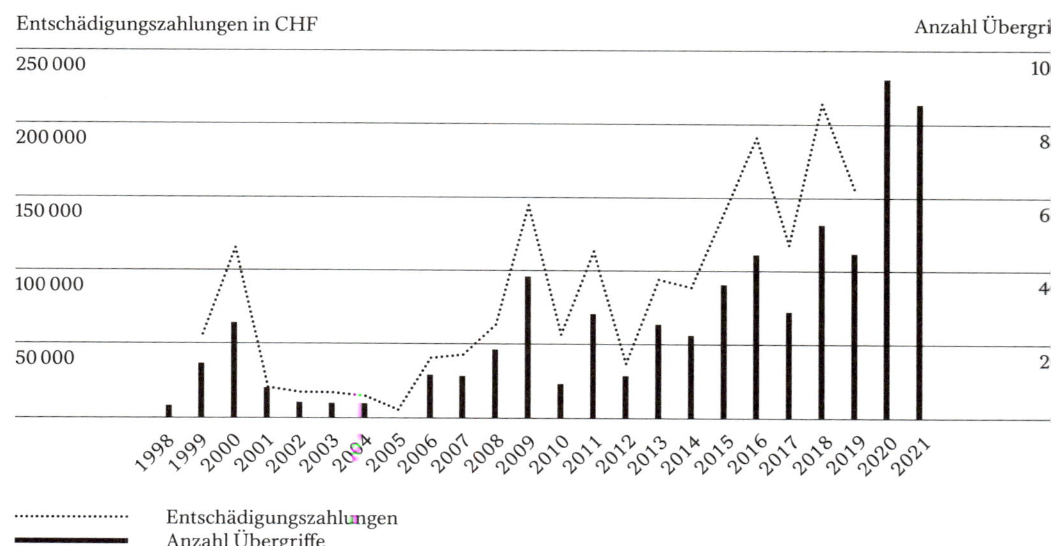

afik 3: Entwicklung der Schafhaltung in der Schweiz 1866–2020
ıelle: Historische Statistik der Schweiz, https://hsso.ch und BFS (Agrarstatistik)

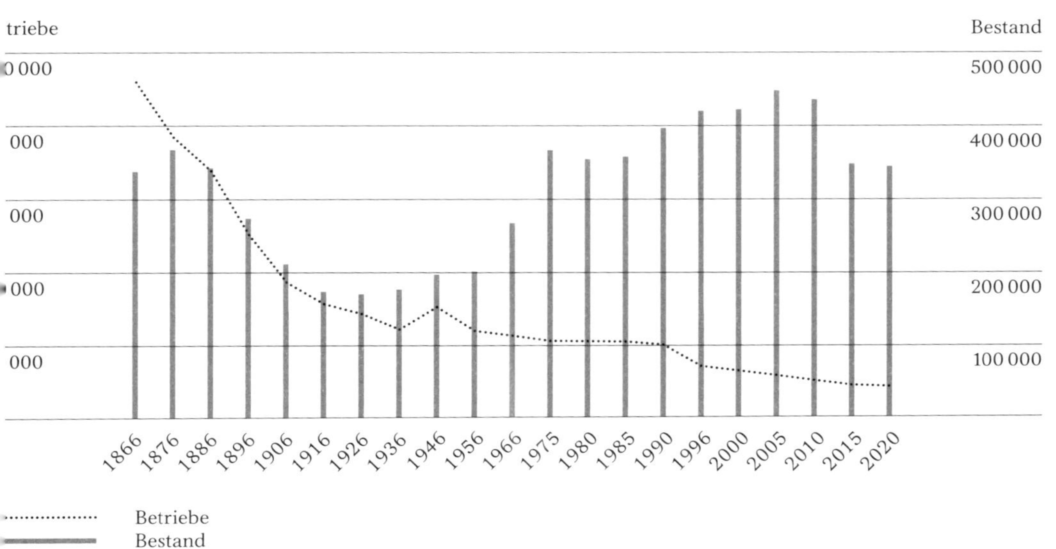

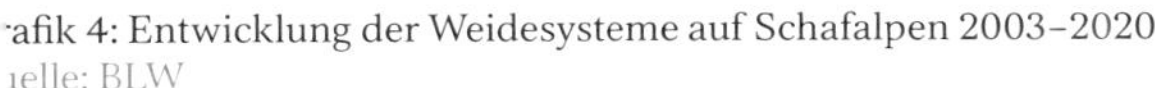

afik 4: Entwicklung der Weidesysteme auf Schafalpen 2003–2020
ıelle: BLW

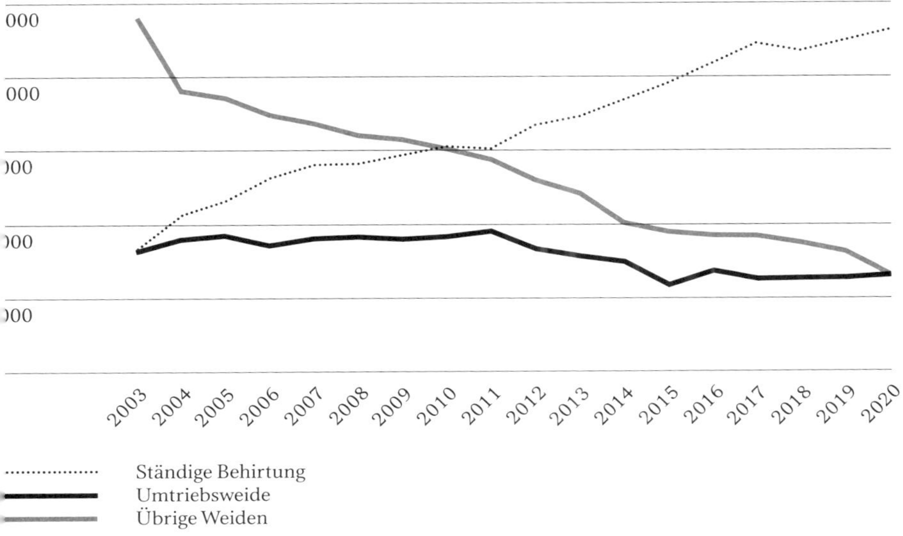

Grafik 5: Entwicklung der Anzahl Herdenschutzhunde 2003–2021
Quelle: AGRIDEA

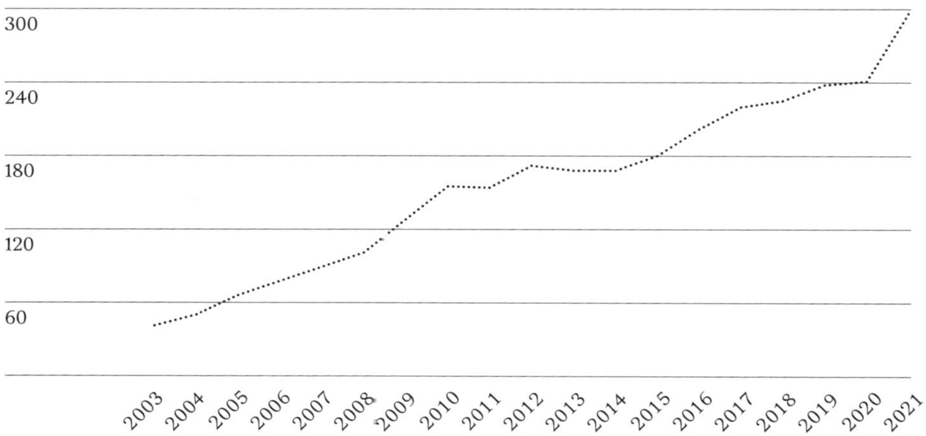

Grafik 6: Der Wolf im Parlament: Vorstösse und Initiativen 1995–2021
Quelle: www.parlament.ch

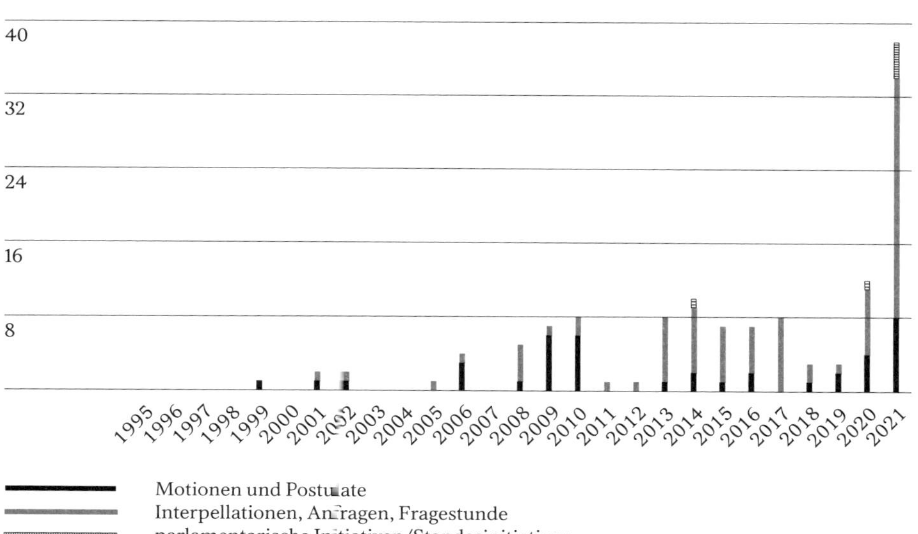

Motionen und Postulate
Interpellationen, Anfragen, Fragestunde
parlamentarische Initiativen/Standesinitiativen

Zitiert nach Landry, La Bête du Val Ferret, S. 7.

Vgl. für diesen Absatz und das gesamte Unterkapitel Landry, La Bête du Val Ferret. Bachmann, Histoire du loup en Valais au 20ème siècle.

David, La traque tourne à la farce, S. 15f.: «Enttäuscht hatten sich die Jäger sodann in irgendeine Kneipe in Issert oder Praz-de-Fort zurückgezogen, gekränkt schworen sie, dass sie nicht aufgeben würden. Bei jeder Treibjagd (20 Teilnehmer am Mittwoch, 30 am Donnerstag, 50 am Samstag!) liessen sie vage Neuigkeiten und ein paar glatte Lügen verlauten: ‹Sie [die Bestie] ist nach oben weg geflüchtet; sie ist nach unten weggelaufen; es wurden Spuren im Schnee gesehen, Blut; es wurde geschossen.› In Tat und Wahrheit verschanzten sie sich in ihrem Lager gegen die öffentliche Meinung, die Presse, die Behörden ‹und all diese Naturschützer, die uns Vorschriften machen wollen. Wo wir doch diejenigen sind, die unsere Natur richtig kennen.›» (Eigene Übersetzung).

Die Wölfe der italienischen Halbinsel – inzwischen bis in den ganzen Alpenbogen verbreitet – gelten als eigene Unterart. Sie sind kleiner als die Wölfe im Rest Europas und weisen mit der schwarzen Färbung der Vorderläufe sowie ihrer graubraunen Fellfarbe zwei weitere charakteristische Merkmale auf. Vgl. Ahne, Wölfe, S. 116. Die italienische Wolfspopulation besitzt zudem eine DNA-Sequenz, die spezifisch für diese Unterart ist. Vgl. Stiftung KORA, 25 Jahre Wolf in der Schweiz, S. 14.

Narcisse Seppey zitiert nach Vos, La présence d'au moins deux loups dans le Valais a été prouvée scientifiquement: «nicht bewiesen, ob das Tier zu Fuss oder mit dem Auto gekommen ist» (eigene Übersetzung).

Zu diesem Absatz vgl. Crettenand; Weber, Présence du loup (Canis lupus) en Valais.

Vgl. Scheurer, Animaux sauvages et chasseurs du Valais, S. 194f.

Für die folgenden Ausführungen vgl. Niederer, Alpine Alltagskultur zwischen Beharrung und Wandel. Lerjen; Messerli; Kläy, Vom Arbeiter- zum Freizeitbauern. Guzzi-Heeb, Industrie im Wallis. Bellwald, Die Lonza. Risi, Im Lauf der Zeiten, S. 187–191.

Niederer, Alpine Alltagskultur zwischen Beharrung und Wandel, S. 369.

Ebd., S. 370.

Vgl. Antonietti, Ungleiche Beziehungen, S. 24, 38.

Vgl. Antonietti, Zur Ästhetik der Eringerkuh, S. 191–193.

Vgl. Interview mit Urs Zimmermann, ehemaliger Schwarznasenzüchter, von Nikolaus Heinzer, Visp, 21.6.2016.

Vgl. für ein konkretes Beispiel die Masterarbeit der Ethnologin Ariane Zangger, welche die individuellen und kollektiven Schutzmassnahmen der Schafhalter von Törbel im Umgang mit der Präsenz von Wölfen in den Jahren 2015–2017 untersucht: Zangger, Von Wölfen, Schafen und Menschen. In Graubünden und anderen alpwirtschaftlich genutzten Regionen der Schweiz, in die Wölfe in den folgenden Jahrzehnten zurückkehren, sind die Herausforderungen des Herdenschutzes ebenso durch die dortigen historischen, topografischen und berglandwirtschaftlichen Bedingungen geprägt und nicht zwingend einfacher zu bewältigen (vgl. dazu auch die Ausführungen zur an der Grenze zwischen Graubünden und St. Gallen gelegenen Alp Ramuz, siehe S. 124–137).

15 Der 2015 als Verein Lebensraum Schweiz ohne Grossraubtiere gegründete und 2021 umbenannte Zusammenschluss fungiert als Anlaufstelle und politisches Sprachrohr für Menschen, die sich von der Wolfsrückkehr negativ betroffen fühlen.

16 Für dieses und das folgende Zitat vgl. Interview mit Georges Schnydrig, Co-Präsident des Vereins Schweiz zum Schutz der ländlichen Lebensräume vor Grossraubtieren, von Elisa Frank und Nikolaus Heinzer, Visp, 14.11.2016.

17 Vgl. Mettler; Müller; Werder, Schafalpplanung Kanton Wallis.

18 Vgl. ebd., S. 16. Herdenschutz Schweiz: Hirten. URL: https://www.protectiondestroupeaux.ch/nationales-herdenschutzprogramm/kosten-und-finanzierung/hirten/ (letzter Zugriff: 25.2.2022). Zangger, Von Wölfen, Schafen und Menschen, S. 53.

19 Vgl. Mettler; Müller; Werder, Schafalpplanung Kanton Wallis, S. 22.

20 Reagiert wurde darauf u. a. mit der Einführung einer Schafhirtenausbildung, getragen von der Agridea und den landwirtschaftlichen Schulen in Visp und Landquart sowie in Châteauneuf. Vgl. ebd., S. 20.

21 Die beiden Aussagen in diesem Absatz traf Georges Schnydrig im Rahmen des Auftaktsymposiums «WOLFSMANAGEMENT: WISSEN_SCHAF(F)T_PRAXIS», das vom SNF-Projekt «Wölfe: Wissen und Praxis» in Kooperation mit dem Institut für Kulturforschung Graubünden organisiert wurde und am 10. und 11.3.2016 in Chur stattfand. Ziel der Tagung war der Austausch zwischen Praxisakteuren aus dem Wolfsmanagement und Personen, die sich aus kulturwissenschaftlicher Perspektive mit dem Thema auseinandersetzen.

22 Ehn; Löfgren, Routines – Made and Unmade.

23 Vgl. Interview mit Georges Schnydrig, Co-Präsident des Vereins Schweiz zum Schutz der ländlichen Lebensräume vor Grossraubtieren, von Elisa Frank und Nikolaus Heinzer, Visp, 14.11.2016.

24 Sehr ausführlich und pointiert analysieren etwa die Soziologen Ketil Skogen und Olve Krange sowie die Soziologin Helene Figari solche Aussetzungsnarrative aus Frankreich und Norwegen im Rückgriff auf Pierre Bourdieu als Kampf um symbolische Macht und als eine Form von kultureller Resistenz gegen das dominierende Narrativ der natürlichen Rückkehr und damit immer auch gegen die Machtstrukturen, die dieses aufrechterhalten. Vgl. Skogen; Krange; Figari, Wolf Conflicts, S. 138–158.

25 Die folgenden Ausführungen beruhen auf dem Feldforschungstagebuch von Nikolaus Heinzer, in welchem er einen Besuch am Widderwaschtag in Lalden sowie am Widdermarkt in Visp im Jahr 2017 festhielt.

26 Vgl. zum Zusammenhang von Schafen und kollektiven Identitäten hier und im Folgenden Heinzer, Wolfsmanagement in der Schweiz, S. 227–231.

27 Vgl. Ganz; Schuppisser, embrüf, embri.

28 Sökefeld, Problematische Begriffe: «Ethnizität», «Rasse», «Kultur», «Minderheit», S. 33.

29 Ebd., S. 33. Zu kollektiven Identitäten als sozialen Konstrukten im Zusammenhang mit Wölfen in der Schweiz vgl. Frank, Vom Umgang mit einem multiplen Tier.

30 Die Initiative war im Januar 2017 eingereicht worden. Das Bundesamt für Justiz wandte jedoch ein, dass eine Passage des Initiativtextes nicht mit dem eidgenössischen Jagdgesetz sowie dem Binnenmarktgesetz vereinbar sei. Nachdem das Initiativekomitee auf die entsprechende Passage verzichtete, erklärte das Kantonsparlament die Initiative für gültig. Am 28. November 2021 wurde sie dem Walliser Stimmvolk vorgelegt. Dieses nahm die Initiative mit 62,7 % Ja-Stimmen an. Da die Regulierung von Wölfen der eidgenössischen Gesetzgebung unterliegt, ändert der neue Passus in der Kantonsverfassung im konkreten Umgang mit Wölfen im Wallis unmittelbar aber kaum etwas. Die Befürworter werteten die 62,7 % Ja-Stimmenanteil jedoch als starkes Zeichen in Richtung Bundesbern, das die steigende Besorgnis der Walliser Bevölkerung zum Ausdruck bringe. Derweilen bezeichnete die Gruppe Wolf Schweiz das Ergebnis gerade umgekehrt als überraschend schwache Zustimmung. Vgl. Kanton Wallis, Präsidium des Staatsrates: Volksinitiative «Für einen Kanton Wallis ohne Grossraubtiere» [Medienmitteilung]. Sitten, 30.6.2020. URL: https://www.vs.ch/documents/529400/8044269/2020+06+30+-+Medienmitteilung+-+Annahme+Initiative+VS+ohne+Grossraubtiere.pdf/98aba5cd-9101-0829-a768-8eee5287287d?t=1593497816894 (letzter Zugriff: 25.2.2022). Zufferey, Christian: Komfortables Ja für ein «Wallis ohne Grossraubtiere». In: Schweizer Bauer Online, 28.11.2021. URL: https://www.schweizerbauer.ch/regionen/westschweiz/komfortables-ja-fuer-ein-wallis-ohne-grossraubtiere/ (letzter Zugriff: 25.2.2022). Gruppe Wolf Schweiz: Überraschend schwache Zustimmung zur Walliser Anti-Wolf-Initiative. URL: https://www.gruppe-wolf.ch/Wolfsnews/Uberraschend-Schwache-Zustimmung-zur-Walliser-Anti-Wolf-Initiative.htm (letzter Zugriff: 25.2.2022).

31 Vgl. für diesen Absatz Heinzer, Wolfsmanagement in der Schweiz, S. 235–239.

32 Vgl. hier und für das Folgende Risi, Im Lauf der Zeiten, S. 155–182 (Zitat S. 178).

33 Vgl. zum Logowechsel des Open Air Gampel ausführlicher Frank, Vom Umgang mit einem multiplen Tier.

34 Radio Rottu Oberwallis: Neues Logo für das Open Air Gampel [Audiobeitrag], 1.12.2015. URL: http://www.rro.ch/cms/oberwallis- neues-logo-fuer-open-air-gampel-82091# (letzter Zugriff: 8.4.2016).

35 Mehrere Userinnen und User erklärten in den Kommentarspalten von Online-Artikeln und in den sozialen Medien, warum der Steinbock im Logo des Open Air Gampel zu finden sei: Dieser stehe nicht für das Wallis, sondern für die Ortschaft Gampel, wo verschiedene Dorfvereine wie auch die Tourismusorganisation den Steinbock als Logotier verwenden würden. Für die Bewohnenden von Gampel ist als Übername der Ausdruck «d'Gampjärbeck» (die Gampelböcke) belegt. Vgl. Bielander, Ortsneckerei im Oberwallis und in Walsergebieten.

36 Wie über und mit Wölfe(n) Vergangenheiten, Gegenwarten und Zukünfte einer Region erzählt und verhandelt werden, ist Thema in der Forschung der Europäischen Ethnologin Marlis Heyer in der Lausitz, vgl. Heyer, Mit Wölfen Lausitz erzählen.

37 Vgl. zum Folgenden Weber, Wolf Monitoring in Switzerland, S. 7f. Ders., Monitoring Loup 1999–2003, S. 11f.

38 Denselben Schutzstatus wie der Wolf geniesst in der Berner Konvention auch der Bär (ebenfalls aufgeführt in Anhang II der «streng geschützten Tierarten»). Der Luchs hingegen ist in Anhang III der «geschützten Tierarten» gelistet.

39 Zu den Ländern mit Vorbehalt in Bezug auf den Wolf gehören u. a. Spanien, Finnland, Litauen, Lettland, Polen, die Slowakei und Slowenien. Italien hingegen zählt zu den Ländern mit einem strengen Wolfsschutz, obwohl der Wolf im Apennin immer vorhanden war.

40 Vgl. Verordnung über die Jagd und den Schutz wildlebender Säugetiere und Vögel (Jagdverordnung, JSV). Änderung vom 26. Juni 1996. In: Amtliche Sammlung des Bundesrechts 27 (16.7.1996), S. 2153. URL: https://www.amtsdruckschriften.bar.admin.ch/viewOrigDoc/30002622.pdf?id=30002622 (letzter Zugriff: 28.2.2022). In der ersten Jagdverordnung von 1988 waren lediglich Abgeltungen für Schäden durch Luchs, Biber, Fischotter und Adler vorgesehen. Vgl. Verordnung über die Jagd und den Schutz wildlebender Säugetiere und Vögel (Jagdverordnung, JSV) vom 29. Februar 1988. In: Amtliche Sammlung des Bundesrechts (22.3.1988), S. 517–526, hier S. 521. URL: https://www.amtsdruckschriften.bar.admin.ch/viewOrigDoc/30002177.pdf?id=30002177 (letzter Zugriff: 28.2.2022).

41 Burri; Kläy; Landry; Maddalena; Oggier; Solari; Torriani; Weber, Rapport final Projet Loup Suissse – Prévention (1999–2003).

42 Vgl. Stiftung KORA, 25 Jahre Wolf in der Schweiz, S. 3.

43 Für einen Überblick über die bisherigen Vorstösse und entsprechenden Änderungen in Jagdgesetz, Jagdverordnung und «Konzept Wolf Schweiz» vgl. ebd., S. 31–33.

44 Vgl. 10.3264 Motion Fournier Jean-René: Revision von Artikel 22 der Berner Konvention. URL: https://www.parlament.ch/de/ratsbetrieb/suche-curia-vista/geschaeft?AffairId=20103264 (letzter Zugriff: 1.3.2022).

45 Vgl. Stiftung KORA, 25 Jahre Wolf in der Schweiz, S. 31, 65f.

46 Kanton Graubünden, Amt für Jagd und Fischerei: Nachwuchs bei den Wölfen am Calanda [Medienmitteilung]. Chur, 6.9.2012. URL: https://www.gr.ch/DE/Medien/Mitteilungen/MMStaka/2012/Seiten/201090605.aspx (letzter Zugriff: 6.4.2021).

47 Vgl. für diesen Absatz Heinzer, Wolfsmanagement in der Schweiz, S. 95f.

48 Vgl. zur Stiftung KORA, zu ihrem Profil und ihren Tätigkeiten URL: www.kora.ch/kora.

49 Vgl. KORA Monitoring Center. URL: www.koracenter.ch

50 Vgl. für diesen Absatz Heinzer, Wolfsmanagement in der Schweiz, S. 90f.

Kanton Graubünden, Amt für Jagd und Fischerei: Wölfe im Kanton Graubünden 2016. Erfahrungen des Amtes für Jagd und Fischerei (AJF) im Jahre 2016. Chur, 28.2.2017, S. 1. URL: https://www.gr.ch/DE/institutionen/verwaltung/diem/ajf/dokumentation/Grossraubtierdokumente/Jahresbericht%20Wolf%20GR%202016.pdf (letzter Zugriff: 6.4.2021).

52 Vgl. zu biografischen Erzählungen von Wolfsleben auch Frank, Vom Umgang mit einem multiplen Tier.

53 Vgl. für diese Angaben Kanton Graubünden, Amt für Jagd und Fischerei: Wolf am GPS Sender [Medienmitteilung]. Chur, 9.2.2015. URL: https://www.gr.ch/DE/institutionen/verwaltung/diem/ajf/ArchivDokumente/MM_Wolf%20GPS_dt_2.15.pdf (letzter Zugriff: 23.2.2022). Kanton Graubünden, Amt für Jagd und Fischerei: Wölfe im Kanton Graubünden 2020. Erfahrungen des Amtes für Jagd und Fischerei (AJF). Chur, 26.3.2021. URL: https://www.gr.ch/DE/institutionen/verwaltung/diem/ajf/grossraubtiere/GrossraubtiereDokumente/Jahresbericht%20Wolf%20GR%202020.pdf (letzter Zugriff: 3.3.2022). Standeskanzlei Graubünden, Amt für Jagd und Fischerei: Erfolgreiche Besenderung eines Wolfes im Rheintal [Medienmitteilung]. Chur, 31.3.2021. URL: https://www.gr.ch/DE/institutionen/verwaltung/diem/ajf/grossraubtiere/GrossraubtiereDokumente/20210331_MM%20Wolf%20Besenderung%20Rheinwald%20dt.pdf (letzter Zugriff: 23.2.2022). Kanton Glarus: Ein Glarner Wolf trägt jetzt einen Sender [Medienmitteilung]. Glarus, 11.2.2022. URL: https://www.gl.ch/public-newsroom.html/31/newsroomnews/2145/title/ein-glarner-wolf-tragt-jetzt-einen-sender (letzter Zugriff: 23.2.2022). Hanimann, Reto: Wolf im Kanton Glarus trägt nun einen Sender [Videobeitrag]. In: Schweiz aktuell (SRF 1), 22.2.2022. URL: https://www.srf.ch/play/tv/schweiz-aktuell/video/schweiz-aktuell-vom-22-02-2022?urn=urn:srf:video:c9e8a674-0127-4e77-8017-7969f9690ef2 (letzter Zugriff: 10.3.2022).

54 Für sozialanthropologische und umwelthistorische Interpretationen des Wolfsmonitorings in Schweden und Norwegen als Sichtbarmachungs- und Regierungspraktiken vgl. Mitchell, Tracing Wolves. Stokland, Field Studies in Absentia.

55 Vgl. Foucault, Die Anormalen, S. 47–75, insb. S. 69f.

56 Vgl. für die Ausführungen in diesem Absatz Interview mit Rolf Wildhaber, Wildhüter, von Elisa Frank, Nikolaus Heinzer und Lukas Denzler, Vättis, 2.11.2021.

57 Ebd.

58 Kanton Graubünden, Amt für Jagd und Fischerei: Wölfe im Kanton Graubünden 2016. Erfahrungen des Amtes für Jagd und Fischerei (AJF) im Jahre 2016. Chur, 28.2.2017, S. 1. URL: https://www.gr.ch/DE/institutionen/verwaltung/diem/ajf/dokumentation/Grossraubtierdokumente/Jahresbericht%20Wolf%20GR%202016.pdf (letzter Zugriff: 6.4.2021).

59 Interview mit Luca Fumagalli, Genetiker Universität Lausanne, von Elisa Frank und Nikolaus Heinzer, Lausanne, 23.11.2016.

60 Interview mit Rolf Wildhaber, Wildhüter, von Elisa Frank, Nikolaus Heinzer und Lukas Denzler, Vättis, 2.11.2021.

61 Ebd.

62 Vgl. für diesen Absatz Dufresnes; Remollino; Stoffel; Manz; Weber; Fumagalli, Two Decades of Non-Invasive Genetic Monitoring of the Grey Wolves Recolonizing the Alps Support Very Limited Dog Introgression. Stiftung KORA, 25 Jahre Wolf in der Schweiz, S. 37f.

63 Vgl. Kanton Wallis, Dienststelle für Jagd, Fischerei und Wildtiere: Wolf wegen Verdacht auf Hybridisierung erlegt [Medienmitteilung]. Sitten, 28.2.2022. URL: https://www.vs.ch/de/web/communication/detail?groupId=529400&articleId=15377270&redirect=https%3A%2F%2Fwww.vs.ch%2Fde%2Fhome%3Fp_p_id%3Dcom_liferay_asset_publisher_web_portlet_AssetPublisherPortlet_INSTANCE_vUFi3Jlrl5Uc%26p_p_lifecycle%3D0%26p_p_state%3Dnormal%26p_p_mode%3Dview (letzter Zugriff: 28.2.2022). Kanton Graubünden, Amt für Jagd und Fischerei: Genetische Untersuchung erhärtet den Hybridisierungsverdacht [Medienmitteilung]. Chur, 13.6.2022. URL: https://www.gr.ch/DE/institutionen/verwaltung/diem/ajf/grossraubtiere/aktuell/news/Seiten/Genetische-Untersuchung-erh%C3%A4rtet-den-Hybridisierungsverdacht.aspx (letzter Zugriff: 14.6.2022).

64 Vgl. Von Arx; Imoberdorf; Breitenmoser, How to Communicate Wolf?

65 Vgl. für diese Ausführungen das Interview mit Rolf Wildhaber, Wildhüter, von Elisa Frank, Nikolaus Heinzer und Lukas Denzler, Vättis, 2.11.2021.

66 Vgl. hier und im Folgenden Heinzer, Wolfsmanagement in der Schweiz, S. 181–189.

67 Interview mit Christina Steiner, Präsidentin von CHWOLF, von Nikolaus Heinzer, Wilen bei Wollerau, 28.11.2015.

68 Die Zitate hier und im nachfolgenden Absatz: Bundesamt für Umwelt: Konzept Wolf Schweiz. Vollzugshilfe des BAFU zum Wolfsmanagement in der Schweiz (Revision der Anhänge 2020). Bern 2016, S. 23–26. URL: https://www.bafu.admin.ch/dam/bafu/de/dokumente/biodiversitaet/uv-umwelt-vollzug/konzept_wolf_schweizvollzugshilfe.pdf.download.pdf/konzept_wolf_schweizvollzugshilfe.pdf (letzter Zugriff: 10.3.2022).

69 Vgl. Häne, Stefan: Todesurteil trotz offener Fragen. In: Tages-Anzeiger Online, 21.12.2015. URL: https://www.tagesanzeiger.ch/schweiz/standard/todesurteil-trotz-offener-fragen/story/15485177 (letzter Zugriff: 10.3.2022). Ders.: Zwei Calanda-Wölfe opfern für ein «höheres» Ziel. In: Tages-Anzeiger Online, 7.1.2016. URL: https://www.tagesanzeiger.ch/schweiz/standard/zwei-calandawoelfe-opfern-fuer-ein-hoeheres-ziel/story/28623157 (letzter Zugriff: 10.3.2022).

70 Vgl. etwa SRF News: Wolf in Vättis sorgt für Diskussionen, 2.9.2014. URL: https://www.srf.ch/play/tv/news-clip/video/wolf-in-vaettis-sorgt-fuer-diskussionen?id=5d1a9a0e-0ade-414e-923e-ef2432bc09e7 (letzter Zugriff: 10.3.2022).

71 Vgl. Interview mit Rolf Wildhaber, Wildhüter, von Elisa Frank, Nikolaus Heinzer und Lukas Denzler, Vättis, 2.11.2021.

72 Interview mit David Gerke, Präsident der Gruppe Wolf Schweiz, von Nikolaus Heinzer, Solothurn, 20.10.2015.

73 Huber; von Arx; Bürki; Manz; Breitenmoser, Wolves Living in Proximity to Humans, S. 14: «Eine erste Schwierigkeit, der man begegnet, wenn man sich mit dem Phänomen einer ‹Zunahme von nahen Begegnungen zwischen Menschen und Wölfen› auseinandersetzt, besteht darin, die korrekte Terminologie zu finden, um die vermuteten Veränderungen im Verhalten und Auftreten der Wölfe zu beschreiben. Begriffe wie ‹nicht scheu›, ‹frech›, ‹furchtlos› oder ‹unerschrocken› implizieren, dass ein normaler Wolf scheu und ängstlich ist. Dies muss aber erst noch verstanden und bewiesen werden [...]. Ausserdem – was ist überhaupt ein ‹normaler› Wolf? Wir verstehen unter einem normalen Wolf ein intelligentes Tier mit einem plastischen Verhalten, das sich aufgrund individueller und kollektiver Lernerfahrungen an seine (sich verändernde oder neue) Umwelt anpassen kann. So gesehen ist es eher ‹normal› zu lernen, sich in einer menschlich dominierten Welt zu integrieren – obwohl dies offensichtlich aus Sicht der Menschen nicht erwünscht ist. Allerdings scheint es so, dass ein Grossteil der Öffentlichkeit erwartet, dass Wölfe flüchtige, scheue Bewohner einer fernen Wildnis sind. Diese Diskrepanz zwischen Erwartung und Erfahrung erklärt möglicherweise einen grossen Teil der Reaktion der Öffentlichkeit.» (Eigene Übersetzung).

74 Der Zeitpunkt der hier aufgezählten Rudelbildungen wird am Datum der ersten nachgewiesenen Reproduktion des jeweiligen Wolfspaares festgemacht.

75 Vgl. Bundesamt für Umwelt: Zustimmung des BAFU zur Regulierung von Wölfen des Rudels am Calanda im Kanton Graubünden [Brief an den Vorsteher des Bündner Bau-, Verkehrs- und Forstdepartements]. Bern, 7.12.2015. URL: https://www.gr.ch/DE/institutionen/verwaltung/diem/ajf/ArchivDokumente/Zustimmung%20BAFU%20Regulierung%20W%C3%B6lfe%20Calandarudel%20GR%2007.12.15.pdf (letzter Zugriff: 10.3.2022).

76 Ebd., S. 1.

77 Ebd., S. 4.

78 Vgl. Linnell et al., The Fear of Wolves.

79 Vgl. Linnell; Kovtun; Rouart, Wolf Attacks on Humans.

80 Siehe dazu Kanton Graubünden, Amt für Jagd und Fischerei: Kanton ordnet Abschuss von drei Jungtieren aus dem Beverinrudel an [Medienmitteilung]. Chur, 6.9.2021. URL: https://www.gr.ch/DE/Medien/Mitteilungen/MMStaka/2021/Seiten/2021090602.aspx (letzter Zugriff: 3.3.2022). Kanton Graubünden, Amt für Jagd und Fischerei: Dritter Jungwolf des Beverinrudels erlegt [Medienmitteilung]. Chur, 8.12.2021. URL: https://www.gr.ch/DE/Medien/Mitteilungen/MMStaka/2021/Seiten/2021120802.aspx (letzter Zugriff: 10.3.2022). Standeskanzlei Graubünden, Amt für Jagd und Fischerei: Wolf aufgrund der Gefährdung von Menschen erlegt [Medienmitteilung]. Chur, 21.1.2022. URL: https://www.gr.ch/DE/institutionen/verwaltung/diem/ajf/grossraubtiere/GrossraubtiereDokumente/20220121_MM%20Erlegung%20Wolf%20Siedlungsnah_dt.pdf (letzter Zugriff: 3.3.2022).

81 Vgl. Scheidegger, Christina: «Einen Wolf präventiv abschiessen – das bringt nichts.» In: SRF News, 4.9.2021. URL: https://www.srf.ch/news/schweiz/streit-ums-grossraubtier-einen-wolf-praeventiv-abschiessen-das-bringt-nichts (letzter Zugriff: 10.3.2022).

82 Vgl. Interview mit Rolf Wildhaber, Wildhüter, von Elisa Frank, Nikolaus Heinzer und Lukas Denzler, Vättis, 2.11.2021.

83 Für eine wegweisende sozialtheoretische Auseinandersetzung mit dem Verhältnis von Natur und Kultur in westlichen «modernen» Gesellschaften vgl. Latour, Wir sind nie modern gewesen. Für die Empirische Kulturwissenschaft beschreiben bspw. Stefan Beck oder Bernhard Tschofen Natur und Kultur als relationale, in einer interdependenten Beziehung stehende Kategorien, vgl. Beck, Natur | Kultur. Tschofen, Natur.

84 Vgl. Stiftung KORA: Bestand. URL: https://kora.ch/arten/wolf/bestand/ (letzter Zugriff: 12.3.2022).

85 Vgl. für die letzten Sichtungen der Calandawölfe das Interview mit Rolf Wildhaber, Wildhüter, von Elisa Frank, Nikolaus Heinzer und Lukas Denzler, Vättis, 2.11.2021. Kanton Graubünden, Amt für Jagd und Fischerei: Wölfe im Kanton Graubünden 2020, Erfahrungen des Amtes für Jagd und Fischerei (AJF). Chur, 26.3.2021. URL: https://www.gr.ch/DE/institutionen/verwaltung/diem/ajf/grossraubtiere/Grossraubtiere Dokumente/Jahresbericht%20Wolf%20GR%202020.pdf (letzter Zugriff: 3.3.2022).

86 Mittlerweile wird die Schweiz auch von Wölfen der dinarisch-balkanischen und deutsch-polnischen Wolfspopulation erreicht und so zur wichtigen Drehscheibe wolfsgenetischer Durchmischung. Vgl. Fumagalli, Luca: Übersichtsliste aller in der Schweiz genetisch nachgewiesenen Wölfe seit 1998. Lausanne, 13.10.2021. URL: https://kora.ch/wp-content/uploads/2022/01/Woelfe_Liste_Web_03_2021_13.10.2021_01.pdf (letzter Zugriff: 12.3.2022).

87 Bundesamt für Umwelt: Konzept Wolf Schweiz. Vollzugshilfe des BAFU zum Wolfsmanagement in der Schweiz (Revision der Anhänge 2020). Bern 2016. URL: https://www.bafu.admin.ch/dam/bafu/de/dokumente/biodiversitaet/uv-umwelt-vollzug/konzept_wolf_schweizvollzugshilfe.pdf.download.pdf/konzept_wolf_schweizvollzugshilfe.pdf (letzter Zugriff: 10.3.2022).

88 Bundesamt für Umwelt: Vollzugshilfe Herdenschutz. Vollzugshilfe zur Organisation und Förderung des Herdenschutzes sowie zur Zucht, Ausbildung und zum Einsatz von offiziellen Herdenschutzhunden. Bern 2019. URL: https://www.bafu.admin.ch/dam/bafu/de/dokumente/biodiversitaet/uv-umwelt-vollzug/vollzugshilfe-herdenschutz.pdf.download.pdf/de_BAFU_UV_1902_Herdenschutz_3_GzD_06-02_BAU.pdf (letzter Zugriff: 25.2.2022).

89 Zürcher Kantonale Schafzuchtgenossenschaft-BFS: Alp Ramuz. URL: http://www.zkszg-bfs.ch/?page_id=393 (letzter Zugriff: 16.2.2022).

90 Vgl. die Schlussberichte der Alpsaisons der Alp Ramuz seit 2014 auf der Website der Artenschutzorganisation CHWOLF: Unsere Projekte – Übersicht. URL: https://chwolf.org/wolf-projekte/uebersicht (letzter Zugriff: 25.2.2022).

91 Das folgende Kapitel beruht auf dem Feldforschungs-

tagebuch von Nikolaus Heinzer, in dem er seine Erfahrungen, Beobachtungen, Gedanken und Gefühle im Zusammenhang mit seinem Besuch auf der Alp Ramuz im August 2016, als das Calandarudel noch durch das Tal zog, festhielt.

2 Positiv bewertet wird das Herdenschutzprojekt auf der Alp Ramuz etwa durch die involvierte Artenschutzorganisation CHWOLF auf ihrer Website: CHWOLF: Projekt Alp Ramuz, Calandagebiet (GR/SG). URL: https://chwolf.org/wolf-projekte/archiv-2021/herdenschutz-unterstuetzung-2021/alp-ramuz-calandagebiet-gr-sg-2021 (letzter Zugriff: 28.2.2022). Eine exemplarische negative Einschätzung findet sich in einem Leserbrief von Jakob Egger, Alpmeister auf der Schafalp Seewis: Egger, Jakob: Negatives wird einfach verschwiegen [Leserbrief zu Medienberichten über die Schafalp bei Vättis, darunter «Alp Ramuz-Hirte mit Herdenschutz zufrieden» im Bündner Tagblatt vom 23.9.2014]. In: Südostschweiz Online, 29.9.2014. URL: https://www.suedostschweiz.ch/zeitung/negatives-wird-einfach-verschwiegen (letzter Zugriff: 28.2.2022).

3 Die enge Beziehung und Kooperation zwischen Menschen und Nutz- und Haustieren, insbesondere Hunden, wurde besonders eindrücklich von der Sozialanthropologin und Biologin Donna Haraway untersucht, vgl. Haraway, Das Manifest für Gefährten.

4 Vgl. für die Ausführungen in diesem und im folgenden Absatz Heinzer, Wolfsmanagement in der Schweiz, S. 296–308.

5 Das Video ist auf der Website von Herdenschutz Schweiz abrufbar. URL: https://www.protectiondestroupeaux.ch/de/herdenschutzhunde/tourismus-und-herdenschutzhunde/filme/ (letzter Zugriff: 28.2.2022).

6 Vgl. Aschwanden, Erich: Herdenschutzhunde sollen aus Region Andermatt verbannt werden. In: Neue Zürcher Zeitung Online, 6.3.2018. URL: https://www.nzz.ch/schweiz/herdenschutzhunde-sollen-aus-dem-urserntal-verbannt-werden-ld.1362950?reduced=true (letzter Zugriff: 9.3.2022). Hess, Stephanie: Wenn das Volk die Schutzhunde zurückpfeift. In: swissinfo.ch, 31.8.2018. URL: https://www.swissinfo.ch/ger/direktedemokratie/schauplatz-schweiz--20-_wenn-das-volk-die-schutzhunde-zurueckpfeift/44313412 (letzter Zugriff: 28.2.2022). Epp, Carmen: Umstrittene Herdenschutzhunde: Urschner erkämpfen sich Mitspracherecht. In: Luzerner Zeitung Online, 15.12.2018. URL: https://www.luzernerzeitung.ch/zentralschweiz/uri/urschner-erkampfen-sich-mitspracherecht-ld.1078712 (letzter Zugriff: 9.3.2022). Auch in anderen Regionen stehen manche Touristikerinnen und Touristiker Herdenschutzmassnahmen kritisch gegenüber. Vgl. für Graubünden etwa Blunier, Reto: «Bergler sind zäh und hartnäckig». In: Schweizer Bauer Online, 20.9.2021. URL: https://www.schweizerbauer.ch/regionen/suedostschweiz/bergler-sind-zaeh-und-hartnaeckig/ (letzter Zugriff: 13.3.2022).

7 Auch der Ethnologe Nicolas Lescureux und der Biologe John Linnell verorten Herdenschutzhunde an der Schnittstelle zwischen domestizierten und wilden Tieren, vgl. Lescureux; Linnell, Warring Brothers.

98 Vgl. Stiftung KORA: Übergriffe auf Nutztiere. URL: https://kora.ch/arten/wolf/uebergriffe-auf-nutztiere/ (letzter Zugriff: 28.2.2022).

99 Vgl. für eine kulturwissenschaftliche Beschäftigung mit Herdenschutz als Lernprozess Arnold, Wissen, lernen, anders machen.

100 2022 publizierten die Stiftung KORA und die Agridea eine Studie zur Frage, wie sich Herdenschutzmassnahmen (Elektrozäune und Herdenschutzhunde) und der Abschuss schadenstiftender Wölfe auf die Anzahl Nutztierrisse in der Schweiz auswirken. Die Studie kommt zum Schluss, dass Herdenschutzmassnahmen grundsätzlich helfen, Schäden durch Wolfsrisse zu minimieren, es aber auch weiteren Forschungsbedarf zum Thema gibt. Vgl. Vogt; Derron-Hilfiker; Kunz; Zumbach; Reinhart; Manz; Mettler, Wirksamkeit von Herdenschutzmassnahmen und Wolfsabschüssen unter Berücksichtigung räumlicher und biologischer Faktoren.

101 Vgl. Herdenschutz Schweiz: Hirtenunterkünfte. URL: https://www.protectiondestroupeaux.ch/hirten/hirtenunterkuenfte/ (letzter Zugriff: 28.2.2022).

102 Für das Projekt «Hirtenhilfe Schweiz» vgl. den Eintrag auf der Website von zalp: VösA (Vereinigung für ökologische und sichere Alpbewirtschaftung): Hilfen für die HirtInnen. In: zalpletter, 27.4.2015. URL: https://www.zalp.ch/zalpletter/hilfen-fuer-die-hirtinnen/ (letzter Zugriff: 1.3.2022). Für das Projekt «Pasturs Voluntaris» vgl. die gleichnamige Website des Projekts. URL: https://www.pasturs-voluntaris.ch/ (letzter Zugriff: 1.3.2022).

103 Vgl. 14.3151 Motion Engler Stefan: Zusammenleben von Wolf und Bergbevölkerung. URL: https://www.parlament.ch/de/ratsbetrieb/suche-curia-vista/geschaeft?AffairId=20143151 (letzter Zugriff: 13.9.2016). Amtliches Bulletin der Bundesversammlung 2014 Ständerat, S. 692–694 [Debatte 14.3151 Motion Engler Stefan: Zusammenleben von Wolf und Bergbevölkerung, 19.6.2014].

104 Amtliches Bulletin der Bundesversammlung 2014 Ständerat, S. 694.

105 Vgl. Bundesblatt 169 (2017), S. 6097–6148. URL: https://www.fedlex.admin.ch/eli/fga/2017/1735/de [17.052 Botschaft zur Änderung des Bundesgesetzes über die Jagd und den Schutz wildlebender Säugetiere und Vögel vom 23.8.2017] sowie URL: https://www.fedlex.admin.ch/eli/fga/2017/1736/de [Entwurf Bundesgesetz über die Jagd und den Schutz wildlebender Säugetiere und Vögel (Jagdgesetz, JSG)] (letzter Zugriff: 15.2.2022).

106 Vgl. Amtliches Bulletin der Bundesversammlung 2018 Ständerat, S. 387–414, 540–545 [Debatte 17.052 Jagdgesetz. Änderung, 5.6.2018 und 13.6.2018]. Amtliches Bulletin der Bundesversammlung 2019 Nationalrat, S. 667–718, 1199–1207, 1504–1508, 1698–1700, 1993 [Debatte 17.052 Jagdgesetz. Änderung, 8.5.2019, 19.6.2019, 12.9.2019, 19.9.2019 und 27.9.2019]. Amtliches Bulletin der Bundesversammlung 2019 Ständerat, S. 351–357, 616–618, 787, 998 [Debatte 17.052 Jagdgesetz. Änderung, 11.6.2019, 10.9.2019, 19.9.2019 und 27.9.2019].

107 Vgl. Strasser, Matthias: Volk will den Wolfsschutz nicht

lockern. Bern 2020, S. 2. URL: https://swissvotes.ch/attachments/b4afdb85fed88ac6e02e2c4363db84a897b425913de3fb400aaeadfca5f751e3 (letzter Zugriff: 19.11.2021).

108 Art. 7a, Abs. 2, lit. b gemäss Bundesblatt 169 (2017), S. 6143. URL: https://www.fedlex.admin.ch/eli/fga/2017/1736/de [Entwurf Bundesgesetz über die Jagd und den Schutz wildlebender Säugetiere und Vögel (Jagdgesetz, JSG)] (letzter Zugriff: 15.2.2022).

109 Zu den folgenden Ausführungen zu unterschiedlichen Kontrollansätzen vgl. auch Heinzer, Wolfsmanagement in der Schweiz, S. 313–343.

110 Amtliches Bulletin der Bundesversammlung 2019 Nationalrat, S. 697.

111 Dass die Befürworterinnen und Befürworter der Revision im Abstimmungskampf argumentierten, dass das revidierte Jagdgesetz den Herdenschutz stärke, mag in diesem Zusammenhang verwirren. Tatsächlich jedoch sah die Revision in einem anderen Artikel (Art. 13, Abs. 4) eine Änderung vor, die als Stärkung des Herdenschutzes gelesen werden kann: Entschädigungen für Wolfsrisse wären von Bund und Kantonen nur noch vergütet worden, «soweit die zumutbaren Massnahmen zur Verhütung von Wildschaden getroffen worden sind» (Volksabstimmung 27. September 2020. Erläuterungen des Bundesrates. Bern 2020, S. 41). Die Argumentation, dass das revidierte Jagdgesetz den Herdenschutz stärke, stützte sich also auf diese Änderung in Art. 13, Abs. 4 (und nicht auf die Bestimmungen im neuen Art. 7a).

112 Verein Lebensraum Schweiz ohne Grossraubtiere: Neues Grossraubtierkonzept Schweiz, 13.10.2016. Der Verein änderte 2021 seinen Namen zu Verein Schweiz zum Schutz der ländlichen Lebensräume vor Grossraubtieren (siehe Anmerkung 15, S. 195).

113 Amtliches Bulletin der Bundesversammlung 2019 Nationalrat, S. 1205.

114 Vgl. zum Föderalismus schweizerischen Zuschnitts: Linder, Schweizerische Demokratie, S. 155–211. Vatter, Föderalismus.

115 Vgl. zu den folgenden Ausführungen zum Föderalismus auch Frank, Vom Umgang mit einem multiplen Tier.

116 Amtliches Bulletin der Bundesversammlung 2018 Ständerat, S. 397.

117 Ebd.

118 Ebd.

119 Ebd., S. 409.

120 Linder, Schweizerische Demokratie, S. 157.

121 Amtliches Bulletin der Bundesversammlung 2018 Ständerat, S. 399.

122 Ebd., S. 410.

123 Vgl. zu den Ausführungen zum Verhältnis von Stadt und Berggebiet in diesem Unterkapitel auch Frank, Vom Umgang mit einem multiplen Tier.

124 Alle Zitate in diesem Absatz: Amtliches Bulletin der Bundesversammlung 2019 Nationalrat, S. 673f.

125 Ebd., S. 674.

126 Alle Zitate in diesem Absatz: ebd. S. 673–675.

127 Amtliches Bulletin der Bundesversammlung 2018 Ständerat, S. 397.

128 Dieses Beziehungsmuster hat seine historischen Wur zeln z. B. im Umfeld von Naturkatastrophen in der Schweiz des 19. Jahrhunderts, die als «nationale Integ rationsereignisse» genutzt wurden. Vgl. Pfister, Von Goldau nach Gondo, S. 53. Zur Geschichte der Solida ritätspolitik mit den Berggebieten vgl. auch Rudaz; Debarbieux, Die schweizerischen Berggebiete in der Politik.

129 Amtliches Bulletin der Bundesversammlung 2019 Na tionalrat, S. 696.

130 Ebd.

131 Amtliches Bulletin der Bundesversammlung 2018 Ständerat, S. 398.

132 Vgl. zu den Ausführungen zum Denken und Argumen tieren in Kreisläufen und dem Entwerfen alpiner Zukunftsszenarien hier und im Folgenden auch Heinze Wolfsmanagement in der Schweiz, S. 243–281. Frank Vom Umgang mit einem multiplen Tier.

133 Amtliches Bulletin der Bundesversammlung 2019 Nationalrat, S. 669.

134 Für eine Übersicht zum aktuellen Wissensstand vgl. Kupferschmid; Bollmann, Direkte, indirekte und kom binierte Effekte von Wölfen auf die Waldverjüngung. Miller, Reguliert der Wolf das Schalenwild?

135 Vgl. Stiftung KORA, 25 Jahre Wolf in der Schweiz, S. 28f.

136 Schweizerische Arbeitsgemeinschaft für die Berggebiete: Stellungnahme der SAB zu den Konzepten Wol und Luchs 2014. Bern, 14.7.2014, S. 4. URL: http://www.sab.ch/fileadmin/user_upload/customers/sab/Stellungnahmen/2014/SN_Wolfskonzept_2014_14.07.2014.pdf (letzter Zugriff: 7.7.2019).

137 Amtliches Bulletin der Bundesversammlung 2011 Stän derat, S. 292.

138 Vgl. Mettler; Müller; Werder, Schafalpplanung Kanton Wallis, S. 58.

139 Interview mit Georges Schnydrig, Co-Präsident des Vereins Schweiz zum Schutz der ländlichen Lebensräume vor Grossraubtieren, von Elisa Frank und Nikolaus Heinzer, Visp, 14.11.2016.

140 Vgl. zu den Ausführungen zu den ästhetischen, sozialen und ökologischen Dimensionen von Veränderunge in der Schafalpwirtschaft in diesem Absatz auch Heinzer, Wolfsmanagement in der Schweiz, S. 224–231

141 Festival der Natur: Warum Förster den Wolf willkommen heissen [Ankündigungstext]. URL: http://www.festivaldernatur.ch/node/453 (letzter Zugriff: 29.4.2017).

142 Vgl. zu diesen Ausführungen zum Schutzwald auch Frank, Vom Umgang mit einem multiplen Tier.

143 Volksabstimmung 27. September 2020. Erläuterungen des Bundesrates. Bern 2020, S. 35.

144 Amtliches Bulletin der Bundesversammlung 2019 Nationalrat, S. 672.

145 Ebd., S. 1507.

146 Vgl. zu den Ausführungen zur Frage nach Fortschrittlichkeit hier und im Folgenden auch Heinzer, Wolfsmanagement in der Schweiz, S. 383–391.

147 Interview Rolf Kalbermatten in Alpines Museum der Schweiz; Universität Zürich – ISEK (Hg.), Der Wolf ist da, S. 27.

8 Interview mit David Gerke, Präsident der Gruppe Wolf Schweiz, von Nikolaus Heinzer, Solothurn, 20.10.2015.

9 Interview mit Laura Schmid, WWF Oberwallis, von Elisa Frank und Nikolaus Heinzer, Bern, 8.11.2016.

0 Ebd.

1 Vgl. Milic; Feller; Kübler, VOTO-Studie zur eidgenössischen Volksabstimmung vom 27. September 2020, S. 7–10.

2 Vgl. Bundeskanzlei: Vorlage Nr. 632. Resultate in den Kantonen. URL: https://www.bk.admin.ch/ch/d/pore/va/20200927/can632.html (letzter Zugriff: 28.2.2022).

3 Vgl. bspw. die Mitteilung zur Abstimmung von Pro Natura: Die Schweiz sagt Nein zum missratenen Jagdgesetz – wir sagen Danke. URL: https://www.pronatura.ch/de/jagdgesetz-nein (letzter Zugriff: 28.2.2022).

4 Vgl. 20.4548 Postulat Bulliard-Marbach Christine: Massnahmen zur Stärkung der Alp- und Berglandwirtschaft. URL: https://www.parlament.ch/de/ratsbetrieb/suche-curia-vista/geschaeft?AffairId=20204548 (letzter Zugriff: 28.2.2022).

5 20.4340 Motion UREK-N bzw. gleichlautend 21.3002 Motion UREK-S: Schweizer Wolfspopulation. Geregelte Koexistenz zwischen Menschen, Grossraubtieren und Nutztieren. URL: https://www.parlament.ch/de/ratsbetrieb/suche-curia-vista/geschaeft?AffairId=20204340 bzw. URL: https://www.parlament.ch/de/ratsbetrieb/suche-curia-vista/geschaeft?AffairId=20213002 (letzter Zugriff: 28.2.2022).

6 Vgl. 21.502 Parlamentarische Initiative UREK-S: Wachsende Wolfsbestände geraten ausser Kontrolle und gefährden ohne die Möglichkeit zur Regulierung die Landwirtschaft. URL: https://www.parlament.ch/de/ratsbetrieb/suche-curia-vista/geschaeft?AffairId=20210502 (letzter Zugriff: 28.2.2022). UREK-S: Neuer Anlauf für die Regulierung des Wolfs [Medienmitteilung], 22.10.2021. URL: https://www.parlament.ch/press-releases/Pages/mm-ceate-2021-10-22.aspx (letzter Zugriff: 28.2.2022).

7 Vgl. UREK-N: Neue Revision des Jagdgesetzes für die Regulierung des Wolfs [Medienmitteilung], 18.1.2022. URL: https://www.parlament.ch/press-releases/Pages/mm-urek-n-2022-01-18.aspx (letzter Zugriff: 28.2.2022) sowie die Medienmitteilungen verschiedener (alp-)landwirtschaftlicher Verbände und Naturschutzorganisationen, bspw.: Schweizerische Arbeitsgemeinschaft für die Berggebiete: Rasche Revision des Jagdgesetzes dringend nötig [Medienmitteilung]. Bern, 18.1.2022. URL: http://www.sab.ch/fileadmin/user_upload/customers/sab/Pressemitteilungen/2022/dt/MM1191__Jagdgesetz_UREK-S.pdf (letzter Zugriff: 28.2.2022). Schweizer Bauernverband: Jagdgesetz: Revision ist dringend notwendig [Medienmitteilung], 18.1.2022. URL: https://www.sbv-usp.ch/de/jagdgesetz-revision-ist-dringend-notwendig/ (letzter Zugriff: 28.2.2022). Pro Natura: Neue Revision Jagdgesetz: Der «Wolfskompromiss» kurz erklärt, 20.1.2022. URL: https://www.pronatura.ch/de/2022/neue-revision-jagdgesetz-der-wolfskompromiss-kurz-erklaert (letzter Zugriff: 28.2.2022). WWF Schweiz: Ein Kompromiss für das Jagdgesetz ist möglich [Medienmitteilung], 19.1.2022. URL: https://www.wwf.ch/de/medien/ein-kompromiss-fuer-das-jagdgesetz-ist-moeglich (letzter Zugriff: 28.2.2022).

158 Vgl. Standeskanzlei Graubünden, Amt für Jagd und Fischerei: Wolf aufgrund der Gefährdung von Menschen erlegt [Medienmitteilung]. Chur, 21.1.2022. URL: https://www.gr.ch/DE/institutionen/verwaltung/diem/ajf/grossraubtiere/GrossraubtiereDokumente/20220121_MM%20Erlegung%20Wolf%20Siedlungsnah_dt.pdf (letzter Zugriff: 3.3.2022). SRF News: Wolfabschuss im rechtlichen Graubereich, 21.1.2022. URL: https://www.srf.ch/news/schweiz/buendner-surselva-wolfabschuss-im-rechtlichen-graubereich (letzter Zugriff: 3.3.2022). Burkhardt, Philipp: Das Bafu will mehr zum Wolfsabschuss wissen. In: SRF News, 21.1.2022. URL: https://www.srf.ch/news/schweiz/wolf-abgeschossen-das-bafu-will-mehr-zum-wolfsabschuss-wissen (letzter Zugriff: 12.3.2022).

159 Vgl. dazu Bundesamt für Umwelt: Erläuternder Bericht zur Änderung der Verordnung über die Jagd und den Schutz wildlebender Säugetiere und Vögel (Jagdverordnung, JSV, SR 922.01) vom 30. Juni 2021. Bern 2021, S. 4, 7. URL: https://www.newsd.admin.ch/newsd/message/attachments/67411.pdf (letzter Zugriff: 3.3.2022).

160 Vgl. SRF Regionaljournal Graubünden: Bund stützt Bündner Wolfsabschuss [Audiobeitrag], 26.4.2022. URL: https://www.srf.ch/audio/regionaljournal-graubuenden/bund-stuetzt-buendner-wolfsabschuss?id=12182091#:~:text=Im%20Januar%20hat%20die%20Wildhut,nun%20das%20Bundesamt%20f%C3%BCr%20Umwelt (letzter Zugriff: 3.5.2022).

161 Vgl. Burkhardt, Philipp: Das Bafu will mehr zum Wolfsabschuss wissen. In: SRF News, 21.1.2022. URL: https://www.srf.ch/news/schweiz/wolf-abgeschossen-das-bafu-will-mehr-zum-wolfsabschuss-wissen (letzter Zugriff: 12.3.2022).

162 Vgl. Bundesamt für Umwelt: Berner Konvention: Schweiz beantragt Rückstufung des Schutzstatus des Wolfs [Medienmitteilung]. Bern, 16.8.2018. URL: https://www.admin.ch/gov/de/start/dokumentation/medienmitteilungen.msg-id-71816.html (letzter Zugriff: 28.2.2022).

163 Vgl. Lins, Norbert (im Namen des Ausschusses für Landwirtschaft und ländliche Entwicklung des EU-Parlaments): Entwurf eines Entschliessungsantrags zum Schutz der Viehwirtschaft und der Wölfe in Europa, 24.11.2021. URL: https://www.europarl.europa.eu/cmsdata/243934/1243420DE.pdf (letzter Zugriff: 12.3.2022).

164 Vgl. etwa Amtliches Bulletin der Bundesversammlung 2016 Nationalrat, S. 1354.

165 Für das Konzept der multispezifischen Beziehungsgeflechte vgl. Tsing, Unruly Edges.

166 Zu diesen Aspekten vgl. auch Fenske, Menschen, Wölfe und andere Lebewesen.

Sekundärliteratur und von Dritten produzierte Unterlagen

10.3264 Motion Fournier Jean-René: Revision von Artikel 22 der Berner Konvention. URL: https://www.parlament.ch/de/ratsbetrieb/suche-curia-vista/geschaeft?AffairId=20103264 (letzter Zugriff: 1.3.2022).

14.3151 Motion Engler Stefan: Zusammenleben von Wolf und Bergbevölkerung. URL: https://www.parlament.ch/de/ratsbetrieb/suche-curia-vista/geschaeft?AffairId=20143151 (letzter Zugriff: 13.9.2016).

20.4340 Motion UREK-N: Schweizer Wolfspopulation. Geregelte Koexistenz zwischen Menschen, Grossraubtieren und Nutztieren. URL: https://www.parlament.ch/de/ratsbetrieb/suche-curia-vista/geschaeft?AffairId=20204340 (letzter Zugriff: 28.2.2022).

20.4548 Postulat Bulliard-Marbach Christine: Massnahmen zur Stärkung der Alp- und Berglandwirtschaft. URL: https://www.parlament.ch/de/ratsbetrieb/suche-curia-vista/geschaeft?AffairId=20204548 (letzter Zugriff: 28.2.2022).

21.502 Parlamentarische Initiative UREK-S: Wachsende Wolfsbestände geraten ausser Kontrolle und gefährden ohne die Möglichkeit zur Regulierung die Landwirtschaft. URL: https://www.parlament.ch/de/ratsbetrieb/suche-curia-vista/geschaeft?AffairId=20210502 (letzter Zugriff: 28.2.2022).

21.3002 Motion UREK-S: Schweizer Wolfspopulation. Geregelte Koexistenz zwischen Menschen, Grossraubtieren und Nutztieren. URL: https://www.parlament.ch/de/ratsbetrieb/suche-curia-vista/geschaeft?AffairId=20213002 (letzter Zugriff: 28.2.2022).

Ahne, Petra: Wölfe. Ein Portrait. Berlin 2016.

Alpines Museum der Schweiz; Universität Zürich – ISEK (Hg.): Der Wolf ist da. Eine Menschenausstellung. Bern 2017.

Amtliches Bulletin der Bundesversammlung 2011 Ständerat, S. 289–294 [Debatte 10.3008 Motion UREK-NR: Verhütung von Grossraubtier-Schäden, 09.3812 Motion Schmidt Roberto: Regulierung des Wolfs- und Raubtierbestandes, 09.3951 Motion Lustenberger Ruedi: Verhütung von Wildschäden, 10.3242 Motion Hassler Hansjörg: Unterstützung des Bundes für den Herdenschutz im Zusammenhang mit Grossraubtieren, 10.3605 Motion Hassler Hansjörg: Grossraubtier-Management. Erleichterte Regulation, 16.3.2011].

Amtliches Bulletin der Bundesversammlung 2014 Ständerat, S. 692–694 [Debatte 14.3151 Motion Engler Stefan: Zusammenleben von Wolf und Bergbevölkerung, 19.6.2014].

Amtliches Bulletin der Bundesversammlung 2016 Nationalrat, S. 1353–1355 [Debatte 14.320 Standesinitiative Wallis: Wolf. Fertig lustig!, 14.9.2016].

Amtliches Bulletin der Bundesversammlung 2018 Ständerat, S. 387–414, 540–545 [Debatte 17.052 Jagdgesetz. Änderung, 5.6.2018 und 13.6.2018].

Amtliches Bulletin der Bundesversammlung 2019 Nationalrat, S. 667–718, 1199–1207, 1504–1508, 1698–1700, 1993 [Debatte 17.052 Jagdgesetz. Änderung, 8.5.2019, 19.6.2019, 12.9.2019, 19.9.2019 und 27.9.2019].

Amtliches Bulletin der Bundesversammlung 2019 Ständerat, S. 351–357, 616–618, 787, 998 [Debatte 17.052 Jagdgesetz. Änderung, 11.6.2019, 10.9.2019, 19.9.2019 und 27.9.2019].

Antonietti, Thomas: Ungleiche Beziehungen. Zur Ethnolo gie der Geschlechterrollen im Wallis. Sitten 1989.

Antonietti, Thomas: Zur Ästhetik der Eringerkuh. In: Der (Hg.): Kein Volk von Hirten. Alpwirtschaft im Wallis. Baden 2006, S. 191–220.

Arnold, Irina: Wissen, lernen, anders machen. Die Rückkehr der Wölfe als Lernprozess. In: Hamburger Journa für Kulturanthropologie 13 (2021), S. 317–327.

Aschwanden, Erich: Herdenschutzhunde sollen aus Region Andermatt verbannt werden. In: Neue Zürcher Ze tung Online, 6.3.2018. URL: https://www.nzz.ch/schweiz/herdenschutzhunde-sollen-aus-dem-ursern tal-verbannt-werden-ld.1362950?reduced=true (letzt Zugriff: 9.3.2022).

Bachmann, Anne: Histoire du loup en Valais au 20ème siècle. Un reflet de notre rapport à l'environnement et de son évolution. Mémoire Faculté des lettres de l'université de Lausanne 2009.

Beck, Stefan: Natur | Kultur. Überlegungen zu einer relati nalen Anthropologie. In: Zeitschrift für Volkskunde 104:2 (2008), S. 161–199.

Bellwald, Werner: Die Lonza. Vom Karbid zur Biochemie. In: Ders.; Guzzi-Heeb, Sandro (Hg.): Ein industriefeindliches Volk? Fabriken und Arbeiter in den Walliser Bergen. Baden 2006, S. 229–274.

Bielander, Anton: Ortsneckerei im Oberwallis und in Walsergebieten: Dies und das zu einem vergehenden Volksbrauch. In: Wir Walser. Halbjahresschrift für Walsertum 41:2 (2003), S. 15–20.

Blunier, Reto: «Bergler sind zäh und hartnäckig». In: Schweizer Bauer Online, 20.9.2021. URL: https://www.schweizerbauer.ch/regionen/suedostschweiz/bergler-sind-zaeh-und-hartnaeckig/ (letzter Zugriff: 13.3.2022).

Bundesamt für Umwelt: Zustimmung des BAFU zur Regulierung von Wölfen des Rudels am Calanda im Kanton Graubünden [Brief an den Vorsteher des Bünd ner Bau-, Verkehrs- und Forstdepartements]. Bern, 7.12.2015. URL: https://www.gr.ch/DE/institutionen/verwaltung/diem/ajf/ArchivDokumente/Zustimmung%20BAFU%20Regulierung%20W%C3%B6lfe%20Calandarudel%20GR%2007.12.15.pdf (letzter Zugriff: 10.3.2022).

Bundesamt für Umwelt: Konzept Wolf Schweiz. Vollzugshi fe des BAFU zum Wolfsmanagement in der Schweiz (Revision der Anhänge 2020). Bern 2016. URL: https:/www.bafu.admin.ch/dam/bafu/de/dokumente/biodiversitaet/uv-umwelt-vollzug/konzept_wolf_schwei vollzugshilfe.pdf.download.pdf/konzept_wolf_schweizvollzugshilfe.pdf (letzter Zugriff: 10.3.2022).

Bundesamt für Umwelt: Berner Konvention: Schweiz beantragt Rückstufung des Schutzstatus des Wolfs [Me dienmitteilung]. Bern, 16.8.2018. URL: https://www.admin.ch/gov/de/start/dokumentation/medienmittei lungen.msg-id-71816.html (letzter Zugriff: 28.2.2022).

Bundesamt für Umwelt: Vollzugshilfe Herdenschutz. Vollzugshilfe zur Organisation und Förderung des Herden schutzes sowie zur Zucht, Ausbildung und zum Einsatz von offiziellen Herdenschutzhunden. Bern 2019. URL: https://www.bafu.admin.ch/dam/bafu/de/dokumente/biodiversitaet/uv-umwelt-vollzug/vollzugshilfe-herdenschutz.pdf.download.pdf/de_BAFU_UV_1902_Herdenschutz_3_GzD_06-02_BAU.pdf (letzter Zugriff: 25.2.2022).

ndesamt für Umwelt: Erläuternder Bericht zur Änderung der Verordnung über die Jagd und den Schutz wildlebender Säugetiere und Vögel (Jagdverordnung, JSV, SR 922.01) vom 30. Juni 2021. Bern 2021. URL: https://www.newsd.admin.ch/newsd/message/attachments/67411.pdf (letzter Zugriff: 3.3.2022).

ndesblatt 169 (2017), S. 6097–6148. URL: https://www.fedlex.admin.ch/eli/fga/2017/1735/de [17.052 Botschaft zur Änderung des Bundesgesetzes über die Jagd und den Schutz wildlebender Säugetiere und Vögel vom 23.8.2017] sowie URL: https://www.fedlex.admin.ch/eli/fga/2017/1736/de [Entwurf Bundesgesetz über die Jagd und den Schutz wildlebender Säugetiere und Vögel (Jagdgesetz, JSG)] (letzter Zugriff: 15.2.2022).

ndeskanzlei: Vorlage Nr. 632. Resultate in den Kantonen. URL: https://www.bk.admin.ch/ch/d/pore/va/20200927/can632.html (letzter Zugriff: 28.2.2022).

rkhardt, Philipp: Das Bafu will mehr zum Wolfsabschuss wissen. In: SRF News, 21.1.2022. URL: https://www.srf.ch/news/schweiz/wolf-abgeschossen-das-bafu-will-mehr-zum-wolfsabschuss-wissen (letzter Zugriff: 12.3.2022).

rri, Antoine; Kläy, Eva-Maria; Landry, Jean-Marc; Maddalena, Tiziano; Oggier, Peter; Solari, Chiara; Torriani, Damiano; Weber, Jean-Marc: Rapport final Projet Loup Suissse – Prévention (1999–2003) (KORA Bericht Nr. 25). Muri 2004.

HWOLF: Projekt Alp Ramuz, Calandagebiet (GR/SG). URL: https://chwolf.org/wolf-projekte/archiv-2021/herdenschutz-unterstuetzung-2021/alp-ramuz-calandagebiet-gr-sg-2021 (letzter Zugriff: 28.2.2022).

HWOLF: Unsere Projekte – Übersicht. URL: https://chwolf.org/wolf-projekte/uebersicht (letzter Zugriff: 25.2.2022).

ettenand, Yvon; Weber, Jean-Marc: Présence du loup (Canis lupus) en Valais. Observations et bilan des déprédations de 1998 à 2000. In: Bulletin de la Murithienne 118 (2000), S. 7–24.

avid, Marc: La traque tourne à la farce. Le loup du Val Ferret met le Valais en émoi. In: L'Illustré, 14.2.1996, S. 14–17.

ufresnes, Christophe; Remollino, Nadège; Stoffel, Céline; Manz, Ralph; Weber, Jean-Marc; Fumagalli, Luca: Two Decades of Non-Invasive Genetic Monitoring of the Grey Wolves Recolonizing the Alps Support Very Limited Dog Introgression. In: Scientific Reports 9:148 (2019), S. 1–9.

gger, Jakob: Negatives wird einfach verschwiegen [Leserbrief zu Medienberichten über die Schafalp bei Vättis, darunter «Alp Ramuz-Hirte mit Herdenschutz zufrieden» im Bündner Tagblatt vom 23.9.2014]. In: Südostschweiz Online, 29.9.2014. URL: https://www.suedostschweiz.ch/zeitung/negatives-wird-einfach-verschwiegen (letzter Zugriff: 28.2.2022).

nn, Billy; Löfgren, Orvar: Routines – Made and Unmade. In: Shove, Elisabeth (Hg.): Time, Consumption, and Every Day Life. Oxford/New York 2009, S. 99–114.

Epp, Carmen: Umstrittene Herdenschutzhunde. Urschner erkämpfen sich Mitspracherecht. In: Luzerner Zeitung Online, 15.12.2018. URL: https://www.luzernerzeitung.ch/zentralschweiz/uri/urschner-erkampfen-sich-mitspracherecht-ld.1078712 (letzter Zugriff: 9.3.2022).

Fenske, Michaela: Menschen, Wölfe und andere Lebewesen. Perspektiven einer Multispecies Ethnography. In: Ertener, Lara Selin; Schmelz, Bernd (Hg.): Von Wölfen und Menschen. Hamburg 2019, S. 33–39.

Festival der Natur: Warum Förster den Wolf willkommen heissen [Ankündigungstext]. URL: http://www.festivaldernatur.ch/node/453 (letzter Zugriff: 29.4.2017).

Foucault, Michel: Die Anormalen. Vorlesungen am Collège de France (1974–1975). Frankfurt a. M. 2007.

Frank, Elisa: Vom Umgang mit einem multiplen Tier. Eine Ethnografie wölfischer Präsenz in der Schweiz (Zürcher Beiträge zur Alltagskultur 29). Zürich (erscheint 2022).

Fumagalli, Luca: Übersichtsliste aller in der Schweiz genetisch nachgewiesenen Wölfe seit 1998. Lausanne, 13.10.2021. URL: https://kora.ch/wp-content/uploads/2022/01/Woelfe_Liste_Web_03_2021_13.10.2021_01.pdf (letzter Zugriff: 12.3.2022).

Ganz, Michael T.; Schuppisser, Thomas: embrüf, embri. Die Heimkehr der Schafe. Baden 2010.

Gruppe Wolf Schweiz: Überraschend schwache Zustimmung zur Walliser Anti-Wolf-Initiative. URL: https://www.gruppe-wolf.ch/Wolfsnews/Uberraschend-Schwache-Zustimmung-zur-Walliser-Anti-Wolf-Initiative.htm (letzter Zugriff: 25.2.2022).

Guzzi-Heeb, Sandro: Industrie im Wallis. Fakten, Zahlen, Entwicklungen. In: Ders.; Bellwald, Werner (Hg.): Ein industriefeindliches Volk? Fabriken und Arbeiter in den Walliser Bergen. Baden 2006, S. 29–59.

Häne, Stefan: Todesurteil trotz offener Fragen. In: Tages-Anzeiger Online, 21.12.2015. URL: https://www.tagesanzeiger.ch/schweiz/standard/todesurteil-trotz-offener-fragen/story/15485177 (letzter Zugriff: 10.3.2022).

Häne, Stefan: Zwei Calanda-Wölfe opfern für ein «höheres» Ziel. In: Tages-Anzeiger Online, 7.1.2016. URL: https://www.tagesanzeiger.ch/schweiz/standard/zwei-calandawoelfe-opfern-fuer-ein-hoeheres-ziel/story/28623157 (letzter Zugriff: 10.3.2022).

Hanimann, Reto: Wolf im Kanton Glarus trägt nun einen Sender [Videobeitrag]. In: Schweiz aktuell (SRF 1), 22.2.2022. URL: https://www.srf.ch/play/tv/schweiz-aktuell/video/schweiz-aktuell-vom-22-02-2022?urn=urn:srf:video:c9e8a674-0127-4e77-8017-7969f9690ef2 (letzter Zugriff: 10.3.2022).

Haraway, Donna: Das Manifest für Gefährten. Wenn Spezies sich begegnen – Hunde, Menschen und signifikante Andersartigkeit. Berlin 2016.

Heinzer, Nikolaus: Wolfsmanagement in der Schweiz. Eine Ethnografie bewegter Mensch-Umwelt-Relationen (Zürcher Beiträge zur Alltagskultur 28). Zürich 2022.

Herdenschutz Schweiz: Hirten. URL: https://www.protectiondestroupeaux.ch/nationales-herdenschutzprogramm/kosten-und-finanzierung/hirten/ (letzter Zugriff: 25.2.2022).

Herdenschutz Schweiz: Hirtenunterkünfte. URL: https://www.protectiondestroupeaux.ch/hirten-hirtenunterkuenfte/ (letzter Zugriff: 28.2.2022).
Hess, Stephanie: Wenn das Volk die Schutzhunde zurückpfeift. In: swissinfo.ch, 31.8.2018. URL: https://www.swissinfo.ch/ger/direktedemokratie/schauplatz-schweiz-20-_wenn-das-volk-die-schutzhunde-zurueckpfeift/44313412 (letzter Zugriff: 28.2.2022).
Heyer, Marlis: Mit Wölfen Lausitz erzählen. Werkstattbericht zum Multispecies Storytelling. In: Ullrich, Jessica; Böhm, Alexandra (Hg.): Tiergeschichten (Tierstudien 16). Berlin 2019, S. 94–103.
Huber, Jacqueline; von Arx, Manuela; Bürki, Roland; Manz, Ralph; Breitenmoser, Urs: Wolves Living in Proximity to Humans. Summary of a First Enquiry on Wolf Behaviour Near Humans in Europe (KORA Bericht Nr. 76). Muri 2016.
Kanton Glarus: Ein Glarner Wolf trägt jetzt einen Sender [Medienmitteilung]. Glarus, 11.2.2022. URL: https://www.gl.ch/public-newsroom.html/31/newsroomnews/2145/title/ein-glarner-wolf-tragt-jetzt-einen-sender (letzter Zugriff: 23.2.2022).
Kanton Graubünden, Amt für Jagd und Fischerei: Nachwuchs bei den Wölfen am Calanda [Medienmitteilung]. Chur, 6.9.2012. URL: https://www.gr.ch/DE/Medien/Mitteilungen/MMStaka/2012/Seiten/2012090605.aspx (letzter Zugriff: 6.4.2021).
Kanton Graubünden, Amt für Jagd und Fischerei: Wolf am GPS Sender [Medienmitteilung]. Chur, 9.2.2015. URL: https://www.gr.ch/DE/institutionen/verwaltung/diem/ajf/ArchivDokumente/MM_Wolf%20GPS_dt_2.15.pdf (letzter Zugriff: 23.2.2022).
Kanton Graubünden, Amt für Jagd und Fischerei: Wölfe im Kanton Graubünden 2016. Erfahrungen des Amtes für Jagd und Fischerei (AJF) im Jahr 2016. Chur, 28.2.2017. URL: https://www.gr.ch/DE/institutionen/verwaltung/diem/ajf/dokumentation/Grossraubtierdokumente/Jahresbericht%20Wolf%20GR%202016.pdf (letzter Zugriff: 6.4.2021).
Kanton Graubünden, Amt für Jagd und Fischerei: Wölfe im Kanton Graubünden 2020. Erfahrungen des Amtes für Jagd und Fischerei (AJF). Chur, 25.3.2021. URL: https://www.gr.ch/DE/institutionen/verwaltung/diem/ajf/grossraubtiere/GrossraubtiereDokumente/Jahresbericht%20Wolf%20GR%202020.pdf (letzter Zugriff: 3.3.2022).
Kanton Graubünden, Amt für Jagd und Fischerei: Kanton ordnet Abschuss von drei Jungtieren aus dem Beverinrudel an [Medienmitteilung]. Chur, 6.9.2021. URL: https://www.gr.ch/DE/Medien/Mitteilungen/MMStaka/2021/Seiten/2021090602.aspx (letzter Zugriff: 3.3.2022).
Kanton Graubünden, Amt für Jagd und Fischerei: Dritter Jungwolf des Beverinrudels erlegt [Medienmitteilung]. Chur, 8.12.2021. URL: https://www.gr.ch/DE/Medien/Mitteilungen/MMStaka/2021/Seiten/2021120802.aspx (letzter Zugriff: 10.3.2022).
Kanton Graubünden, Amt für Jagd und Fischerei: Genetische Untersuchung erhärtet den Hybridisierungsverdacht [Medienmitteilung]. Chur, 13.6.2022. URL: https://www.gr.ch/DE/institutionen/verwaltung/diem/ajf/grossraubtiere/aktuell/news/Seiten/Genetische-Untersuchung-erh%C3%A4rtet-den-Hybridisierungsverdacht.aspx (letzter Zugriff: 14.6.2022).
Kanton Wallis, Dienststelle für Jagd, Fischerei und Wildtiere: Wolf wegen Verdacht auf Hybridisierung erlegt [Medienmitteilung]. Sitten, 28.2.2022. URL: https://www.vs.ch/de/web/communication/detail?groupId=529400&articleId=15377270&redirect=https%3A%2F%2Fwww.vs.ch%2Fde%2Fhome%3Fp_p_id%3Dcom_liferay_asset_publisher_web_portlet_AssetPublisherPortlet_INSTANCE_vUFi3Jlrl5Uc%26p_p_lifecycle%3D0%26p_p_state%3Dnormal%26p_p_mode%3Dview (letzter Zugriff: 28.2.2022).
Kanton Wallis, Präsidium des Staatsrates: Volksinitiative «Für einen Kanton Wallis ohne Grossraubtiere» [Medienmitteilung]. Sitten, 30.6.2020. URL: https://www.vs.ch/documents/529400/8044269/2020+06+30+-+Medienmitteilung+-+Annahme+Initiative-VS+ohne+Grossraubtiere.pdf/98aba5cd-9101-0829-a768-8eee5287287d?t=1593497816894 (letzter Zugriff: 25.2.2022).
Kupferschmid, Andrea D.; Bollmann, Kurt: Direkte, indirekte und kombinierte Effekte von Wölfen auf die Waldverjüngung. In: Schweizerische Zeitschrift für Forstwesen 167:1 (2016), S. 3–12.
Landry, Jean-Marc: La Bête du Val Ferret. Rapport relatant les événements survenues dans les Val Ferrets et d'Entremont (VS) entre octobre 1994 et mai 1996 (KORA Bericht Nr. 1). Muri 1997.
Latour, Bruno: Wir sind nie modern gewesen. Versuch einer symmetrischen Anthropologie. Frankfurt a. M. 2008/1991.
Lerjen, Hans-Peter; Messerli, Paul; Kläy, Eva-Maria: Vom Arbeiter- zum Freizeitbauern. Neuorientierung im Kontext des agrarischen Zerfalls im Oberwallis. In: Schweizerisches Archiv für Volkskunde 95:1 (1999), S. 23–46.
Lescureux, Nicolas; Linnell, John D. C.: Warring Brothers. the Complex Interactions between Wolves (Canis lupus) and Dogs (Canis familiaris) in a Conservation Context. In: Biological Conservation 171 (2014), S. 232–245.
Linder, Wolf: Schweizerische Demokratie. Institutionen – Prozesse – Perspektiven. Bern 2012 (3., vollständig überarbeitete und aktualisierte Auflage).
Linnell, John D. C. et al.: The Fear of Wolves. A Review of Wolf Attacks on Humans (NINA Oppdragsmelding 731). Trondheim 2002.
Linnell, John D. C.; Kovtun, Ekaterina; Rouart, Ive: Wolf Attacks on Humans. An Update for 2002–2020 (NINA Report 1944). Trondheim 2021.
Lins, Norbert (im Namen des Ausschusses für Landwirtschaft und ländliche Entwicklung des EU-Parlaments): Entwurf eines Entschliessungsantrags zum Schutz der Viehwirtschaft und der Wölfe in Europa, 24.11.2021. URL: https://www.europarl.europa.eu/cmsdata/243934/1243420DE.pdf (letzter Zugriff: 12.3.2022).
Mettler, Daniel; Müller, Matthieu; Werder, Cornel: Schafalpplanung Kanton Wallis. Schlussbericht 2014. Lausanne 2014.
Milic, Thomas; Feller, Alessandro; Kübler, Daniel: VOTO-Studie zur eidgenössischen Volksabstimmung vom

27. September 2020. Aarau/Lausanne/Luzern 2020.
ıller, Christine: Reguliert der Wolf das Schalenwild? In: Hackländer, Klaus (Hg.): Der Wolf im Spannungsfeld von Land- & Forstwirtschaft, Jagd, Tourismus und Artenschutz. Graz/Stuttgart 2019, S. 83–100.
ıtchell, Andrew: Tracing Wolves. Materiality, Effect and Difference. Stockholm 2018.
ıederer, Arnold: Alpine Alltagskultur zwischen Beharrung und Wandel. Ausgewählte Arbeiten aus den Jahren 1956 bis 1991, hg. von Klaus Anderegg und Werner Bätzing. Bern 1993.
ıster, Christian: Von Goldau nach Gondo. Naturkatastrophen als identitätsstiftende Ereignisse in der Schweiz des 19. Jahrhunderts. In: Ders.; Summermatter, Stephanie (Hg.): Katastrophen und ihre Bewältigung. Perspektiven und Positionen. Bern 2004, S. 53–78.
o Natura: Die Schweiz sagt Nein zum missratenen Jagdgesetz – wir sagen Danke. URL: https://www.pronatura.ch/de/jagdgesetz-nein (letzter Zugriff: 28.2.2022).
o Natura: Neue Revision Jagdgesetz: Der «Wolfskompromiss» kurz erklärt, 20.1.2022. URL: https://www.pronatura.ch/de/2022/neue-revision-jagdgesetz-der-wolfskompromiss-kurz-erklaert (letzter Zugriff: 28.2.2022).
ıdio Rottu Oberwallis: Neues Logo für das Open Air Gampel [Audiobeitrag], 1.12.2015. URL: http://www.rro.ch/cms/oberwallis- neues-logo-fuer-open-air-gampel-82091# (letzter Zugriff: 8.4.2016).
si, Marius: Im Lauf der Zeiten. Oberwalliser Lebenswelten. In: Ders.; Röösli, Lisa: Lebensbilder – Bilderwandel. Zwei ethnographische Filmprojekte im Alpenraum. Münster 2010, S. 147–255.
ıdaz, Gilles; Debarbieux, Bernard: Die schweizerischen Berggebiete in der Politik. Zürich 2014.
heidegger, Christina: «Einen Wolf präventiv abschiessen – das bringt nichts.» In: SRF News, 4.9.2021. URL: https://www.srf.ch/news/schweiz/streit-ums-grossraubtier-einen-wolf-praeventiv-abschiessen-das-bringt-nichts (letzter Zugriff: 10.3.2022).
heurer, Alexandre: Animaux sauvages et chasseurs du Valais. Huit siècles d'histoire (XIIe–XIXe siècle). Fribourg 2000.
hweizer Bauernverband: Jagdgesetz: Revision ist dringend notwendig [Medienmitteilung], 18.1.2022. URL: https://www.sbv-usp.ch/de/jagdgesetz-revision-ist-dringend-notwendig/ (letzter Zugriff: 28.2.2022).
hweizerische Arbeitsgemeinschaft für die Berggebiete: Stellungnahme der SAB zu den Konzepten Wolf und Luchs 2014. Bern, 14.7.2014. URL: http://www.sab.ch/fileadmin/user_upload/customers/sab/Stellungnahmen/2014/SN_Wolfskonzept_2014_14.07.2014.pdf (letzter Zugriff: 7.7.2019).
hweizerische Arbeitsgemeinschaft für die Berggebiete: Rasche Revision des Jagdgesetzes dringend nötig [Medienmitteilung]. Bern, 18.1.2022. URL: http://www.sab.ch/fileadmin/user_upload/customers/sab/Pressemitteilungen/2022/dt/MM1191__Jagdgesetz_UREK-S.pdf (letzter Zugriff: 28.2.2022).
ıogen, Ketil; Krange, Olve; Figari, Helene: Wolf Conflicts. A Sociological Study. New York 2017.
ıkefeld, Martin: Problematische Begriffe: «Ethnizität», «Rasse», «Kultur», «Minderheit». In: Schmidt-Lauber, Brigitta (Hg.): Ethnizität und Migration. Einführung in Wissenschaft und Arbeitsfelder. Berlin 2007, S. 31–50.
SRF News: Wolf in Vättis sorgt für Diskussionen, 2.9.2014. URL: https://www.srf.ch/play/tv/news-clip/video/wolf-in-vaettis-sorgt-fuer-diskussionen?id=5d1a9a0e-0ade-414e-923e-ef2432bc09e7 (letzter Zugriff: 10.3.2022).
SRF News: Wolfabschuss im rechtlichen Graubereich, 21.1.2022. URL: https://www.srf.ch/news/schweiz/buendner-surselva-wolfabschuss-im-rechtlichen-graubereich (letzter Zugriff: 3.3.2022).
SRF Regionaljournal Graubünden: Bund stützt Bündner Wolfsabschuss [Audiobeitrag], 26.4.2022. URL: https://www.srf.ch/audio/regionaljournal-graubuenden/bund-stuetzt-buendner-wolfsabschuss?id=12182091#:~:text=Im%20Januar%20hat%20die%20Wildhut,nun%20das%20Bundesamt%20f%C3%BCr%20Umwelt (letzter Zugriff: 3.5.2022).
Standeskanzlei Graubünden, Amt für Jagd und Fischerei: Erfolgreiche Besenderung eines Wolfes im Rheintal [Medienmitteilung]. Chur, 31.3.2021. URL: https://www.gr.ch/DE/institutionen/verwaltung/diem/ajf/grossraubtiere/GrossraubtiereDokumente/20210331_MM%20Wolf%20Besenderung%20Rheinwald%20dt.pdf (letzter Zugriff: 23.2.2022).
Standeskanzlei Graubünden, Amt für Jagd und Fischerei: Wolf aufgrund der Gefährdung von Menschen erlegt [Medienmitteilung]. Chur, 21.1.2022. URL: https://www.gr.ch/DE/institutionen/verwaltung/diem/ajf/grossraubtiere/GrossraubtiereDokumente/20220121_MM%20Erlegung%20Wolf%20Siedlungsnah_dt.pdf (letzter Zugriff: 3.3.2022).
Stiftung KORA: 25 Jahre Wolf in der Schweiz. Eine Zwischenbilanz (KORA Bericht Nr. 91). Muri 2020.
Stiftung KORA: Bestand. URL: https://kora.ch/arten/wolf/bestand/ (letzter Zugriff: 12.3.2022).
Stiftung KORA: Übergriffe auf Nutztiere. URL: https://kora.ch/arten/wolf/uebergriffe-auf-nutztiere/ (letzter Zugriff: 28.2.2022).
Stokland, Håkon: Field Studies in Absentia. Counting and Monitoring from a Distance as Technologies of Government in Norwegian Wolf Management (1960s–2010s). In: Journal of the History of Biology 48:1 (2015), S. 1–36.
Strasser, Matthias: Volk will den Wolfsschutz nicht lockern. Bern 2020. URL: https://swissvotes.ch/attachments/b4afdb85fed88ac6e02e2c4363db84a897b425913de3fb400aaeadfca5f751e3 (letzter Zugriff: 19.11.2021).
Tschofen, Bernhard: Natur. In: Hinrichsen, Jan; Johler, Reinhard; Ratt, Sandro (Hg.): Katastrophen / Kultur. Beiträge zu einer interdisziplinären Begriffswerkstatt. Tübingen 2019, S. 107–119.
Tsing, Anna: Unruly Edges. Mushrooms as Companion Species. In: Environmental Humanities 1:1 (2012), S. 141–154.
UREK-N: Neue Revision des Jagdgesetzes für die Regulierung des Wolfs [Medienmitteilung], 18.1.2022. URL: https://www.parlament.ch/press-releases/Pages/mm-urek-n-2022-01-18.aspx (letzter Zugriff: 28.2.2022).
UREK-S: Neuer Anlauf für die Regulierung des Wolfs [Medienmitteilung], 22.10.2021. URL: https://www.parla

ment.ch/press-releases/Pages/mm-ceate-2021-10-22.aspx (letzter Zugriff: 28.2.2022).
Vatter, Adrian: Föderalismus. In: Ders.; Knoepfel, Peter; Papadopoulos, Yannis; Sciarini, Pascal; Häusermann, Silja (Hg.): Handbuch der Schweizer Politik. Zürich 2014 (5., völlig überarbeitete und erweiterte Auflage), S. 119–143.
Verein Lebensraum Schweiz ohne Grossraubtiere: Neues Grossraubtierkonzept Schweiz, 13.10.2016.
Verordnung über die Jagd und den Schutz wildlebender Säugetiere und Vögel (Jagdverordnung, JSV) vom 29. Februar 1988. In: Amtliche Sammlung des Bundesrechts 11 (22.3.1988), S. 517–526. URL: https://www.amtsdruckschriften.bar.admin.ch/viewOrigDoc/30002177.pdf?id=30002177 (letzter Zugriff: 28.2.2022).
Verordnung über die Jagd und den Schutz wildlebender Säugetiere und Vögel (Jagdverordnung, JSV). Änderung vom 26. Juni 1996. In: Amtliche Sammlung des Bundesrechts 27 (16.7.1996), S. 2153. URL: https://www.amtsdruckschriften.bar.admin.ch/viewOrigDoc/30002622.pdf?id=30002622 (letzter Zugriff: 28.2.2022).
Vogt, Kristina; Derron-Hilfiker, Daniela; Kunz, Florin; Zumbach, Loan; Reinhart, Simone; Manz, Ralph; Mettler, Daniel: Wirksamkeit von Herdenschutzmassnahmen und Wolfsabschüssen unter Berücksichtigung räumlicher und biologischer Faktoren. Bericht in Zusammenarbeit mit AGRIDEA (KORA Bericht Nr. 105). Muri 2022.
Volksabstimmung 27. September 2020. Erläuterungen des Bundesrates. Bern 2020.
Von Arx, Manuela; Imoberdorf, Ilona; Breitenmoser, Urs: How to Communicate Wolf? Communication Between the Authorities and the Population when Wolves Appear. In: Heyer, Marlis; Hose, Susanne (Hg.): Encounters with Wolves. Dynamics and Futures. Bautzen 2020, S. 123–136.
Vos, Anton: La présence d'au moins deux loups dans le Valais a été prouvée scientifiquement. In: Journal de Genève et Gazette de Lausanne, 21.12.1996.
VösA (Vereinigung für ökologische und sichere Alpbewirtschaftung): Hilfen für die HirtInnen. In: zalpletter, 27.4.2015. URL: https://www.zalp.ch/zalpletter/hilfen-fuer-die-hirtinnen/ (letzter Zugriff: 1.3.2022).
Weber, Jean-Marc: Wolf Monitoring in Switzerland. In: Ders. (Hg.): Wolf Monitoring in the Alps. 2nd Alpine Wolf Workshop, Boudevilliers (CH), 17–18 March 2003 (KORA Bericht Nr. 18e). Muri 2003, S. 7f.
Weber, Jean-Marc: Monitoring Loup 1999–2003 (KORA Bericht Nr. 27f). Muri 2004.
WWF Schweiz: Ein Kompromiss für das Jagdgesetz ist möglich [Medienmitteilung], 19.1.2022. URL: https://www.wwf.ch/de/medien/ein-kompromiss-fuer-das-jagdgesetz-ist-moeglich (letzter Zugriff: 28.2.2022).
Zangger, Ariane: Von Wölfen, Schafen und Menschen. Konflikt, Partizipation und institutioneller Wandel im Umgang mit Grossraubtieren. Masterarbeit Institut für Sozialanthropologie der Universität Bern 2018.
Zufferey, Christian: Komfortables Ja für ein «Wallis ohne Grossraubtiere». In: Schweizer Bauer Online, 28.11.2021. URL: https://www.schweizerbauer.ch/regionen/westschweiz/komfortables-ja-fuer-ein-wallis-ohne-grossraubtiere/ (letzter Zugriff: 25.2.2022).
Zürcher Kantonale Schafzuchtgenossenschaft-BFS: Alp Ramuz. URL: http://www.zkszg-bfs.ch/?page_id=39 (letzter Zugriff: 16.2.2022).

Interviews

Interview mit David Gerke, Präsident der Gruppe Wolf Schweiz, von Nikolaus Heinzer, Solothurn, 20.10.201
Interview mit Christina Steiner, Präsidentin von CHWOLF, von Nikolaus Heinzer, Wilen bei Wollera
28.11.2015.
Interview mit Urs Zimmermann, ehemaliger Schwarznasenzüchter, von Nikolaus Heinzer, Visp, 21.6.2016.
Interview mit Laura Schmid, WWF Oberwallis, von Elisa Frank und Nikolaus Heinzer, Bern, 8.11.2016.
Interview mit Georges Schnydrig, Co-Präsident des Vereins Schweiz zum Schutz der ländlichen Lebensräun vor Grossraubtieren, von Elisa Frank und Nikolaus Heinzer, Visp, 14.11.2016.
Interview mit Luca Fumagalli, Genetiker Universität Lausanne, von Elisa Frank und Nikolaus Heinzer, Lausanne, 23.11.2016.
Interview mit Rolf Wildhaber, Wildhüter, von Elisa Frank Nikolaus Heinzer und Lukas Denzler, Vättis, 2.11.202

Lukas Denzler, Zürich, 2022
J.-M. Landry & A. Perrion, 1996
ldstrecke Törbel: Nikolaus Heinzer, Zürich, 2016
ldstrecke Widdermarkt: Nikolaus Heinzer, Zürich, 2017
Initiativkomitee «Kein Platz für Grossraubtiere», 2017
Radio Rottu Oberwallis, Videostill, 2016
Livio Janett, Bauernzeitung, 2020
Albert Lambrigger, Brig, 2016
8 Open Air Gampel, 2015/16
Klaus Robin, Uznach, 2003
/11 Nikolaus Heinzer, Zürich, 2021
–14 Stiftung KORA, Ittigen
Amt für Jagd und Fischerei Graubünden, 2012
Amt für Jagd und Fischerei Graubünden, 2016
ldstrecke Fotofallenbilder:
Stiftung KORA & Amt für Jagd und Fischerei Graubünden
Stiftung KORA & P. Schwendimann, Wildhüter Kanton Bern
Stiftung KORA & Ufficio della caccia e della pesca Ticino
Stiftung KORA & Kanton Schwyz
WNA Freiburg / SFN Fribourg
WNA Freiburg / SFN Fribourg
Stiftung KORA & Kanton Luzern, Abteilung Natur, Jagd und Fischerei
WNA Freiburg / SFN Fribourg
Stiftung KORA & Ufficio della caccia e della pesca Ticino
Stiftung KORA & Ufficio della caccia e della pesca Ticino
Stiftung KORA
Stiftung KORA & Ufficio della caccia e della pesca Ticino
Elisa Frank, Basel, 2021
ldstrecke Calandagebiet: Elisa Frank, Basel, und Nikolaus Heinzer, Zürich, 2016–2021
Nikolaus Heinzer, Zürich, 2018
Schweizerischer Nationalpark, Zernez, 2017
ldstrecke Alp Ramuz: Elisa Frank, Basel, und Nikolaus Heinzer, Zürich, 2016/17
AGRIDEA, Lindau, Videostill, 2016
swisstopo/SchweizMobil
Daniel Rihs, Bern, 2020
Livio Janett, Bauernzeitung, 2020
-/25 Lukas Denzler, Zürich, 2020
ldstrecke Karikaturen:
Felix Schaad, Tages-Anzeiger, 2019
Gabriel Giger, Leuk, 2015
Marina Lutz, © Pro Litteris, 2014
Orlando Eisenmann, Weggis, 2020
Gabriel Giger, Leuk, 2014
Marco Ratschiller, Oberglatt, 2019

Elisa Frank und Nikolaus Heinzer danken ihren Gesprächspartnerinnen und -partnern für die gute Kooperation, ihre Offenheit und die Einblicke in ihre vielfältigen Lebenswelten.

Der Verlag Hier und Jetzt wird vom Bundesamt für Kultur mit einem Strukturbeitrag für die Jahre 2021–2024 unterstützt.

Wir danken dem Institut für Sozialanthropologie und Empirische Kulturwissenschaft der Universität Zürich für das Engagement und die angenehme Zusammenarbeit.

Mit Beiträgen haben das Buchprojekt unterstützt:
Recherchierfonds des Schweizer Klubs für Wissenschaftsjournalismus
Bundesamt für Umwelt BAFU
Bundesamt für Landwirtschaft BLW
Kanton SG, Amt für Natur, Jagd und Fischerei
Kanton GR, Amt für Jagd und Fischerei
Kanton ZH, Abteilung Wald/Fischerei und Jagdverwaltung
Kantone BL/BS, Amt für Wald beider Basel
Kanton TG, Forstamt Thurgau
Kanton SO, Amt für Wald, Jagd und Fischerei

Dieses Buch ist nach den aktuellen Rechtschreibregeln verfasst. Quellenzitate werden jedoch in originaler Schreibweise wiedergegeben. Hinzufügungen sind in [eckigen Klammern] eingeschlossen, Auslassungen mit […] gekennzeichnet.

Umschlagbild:
Hugo Frieden, Zweisimmen

Lektorat:
Bruno Meier, Hier und Jetzt

Gestaltung und Satz:
Hannes Gloor, Zürich

Bildbearbeitung:
Benjamin Roffler, Hier und Jetzt

Druck und Bindung:
DZA Druckerei zu Altenburg

www.hierundjetzt.ch

ISBN Druckausgabe
978-3-03919-561-9

ISBN E-Book
978-3-03919-990-7